Najeh TKA

Síntese e caraterização de novas aminohidrazidas quirais

Najeh TKA

Síntese e caraterização de novas aminohidrazidas quirais

Os aminoácidos naturais são facilmente convertidos em aminohidrazidas

ScienciaScripts

Imprint

Any brand names and product names mentioned in this book are subject to trademark, brand or patent protection and are trademarks or registered trademarks of their respective holders. The use of brand names, product names, common names, trade names, product descriptions etc. even without a particular marking in this work is in no way to be construed to mean that such names may be regarded as unrestricted in respect of trademark and brand protection legislation and could thus be used by anyone.

Cover image: www.ingimage.com

This book is a translation from the original published under ISBN 978-620-6-70705-9.

Publisher:
Sciencia Scripts
is a trademark of
Dodo Books Indian Ocean Ltd. and OmniScriptum S.R.L publishing group

120 High Road, East Finchley, London, N2 9ED, United Kingdom
Str. Armeneasca 28/1, office 1, Chisinau MD-2012, Republic of Moldova, Europe
Printed at: see last page
ISBN: 978-620-8-35732-0

Conteúdo

Introdução geral

A quiralidade é um conceito importante em muitas áreas da ciência, sendo fundamental para a química dos organismos vivos e indispensável para certas propriedades biológicas.[1]

[2]Em 1848, Louis Pasteur descobriu o conceito de quiralite ao separar as duas formas do ácido tartárico **1'** **(Figura 1).** Louis Pasteur demonstrou igualmente que a asparagina, isolada de plantas de ervilhaca, é opticamente ativa e que o ácido aspártico produzido por hidrólise é também opticamente ativo.

Figure 1

Este problema da quiralidade revelou-se de importância vital para o desenvolvimento da química e da biologia modernas. [3]'Pouco tempo depois, em 1849, Puitti observou que a (L)-asparagina[2] tem um sabor amargo, enquanto o seu enantiómero (D) tem um sabor doce [4] **(Figura 2).**

Figure 2

Outro exemplo que ilustra as diferentes actividades dos enantiómeros é a carvona. [56]A carvona existe na natureza sob a forma de dois antípodas ópticos: o isómero R-(-)-**carvona**[3] , principal componente do óleo essencial de hortelã, é responsável pelo cheiro e sabor da menta, pela atividade antinociceptiva e pelo efeito antiespasmódico[7].

[8]Já a S-(+)-**carvona**[3]' , presente no óleo essencial de cominho, produz o odor caraterístico do cominho **(Figura 3).**

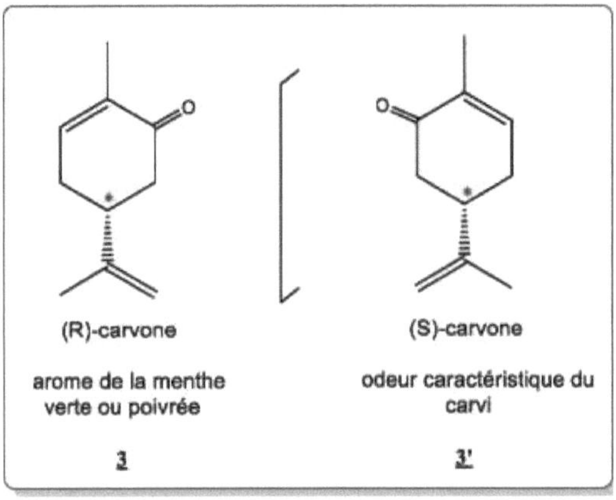

Figure 3

Dois possíveis enantiómeros têm propriedades físico-químicas idênticas num ambiente simétrico. No entanto, são percepcionados de forma diferente pelos organismos vivos. Por outras palavras, dependendo se a molécula está numa forma ou noutra, não terá o mesmo efeito no nosso corpo, como é o caso de certos medicamentos. [9]Chiodini et al. observaram que o (S)-oxiracetam4 pode atuar como neuroprotector, ao passo que o seu enantiómero (R) é inactivo[10] **(figura 4).**

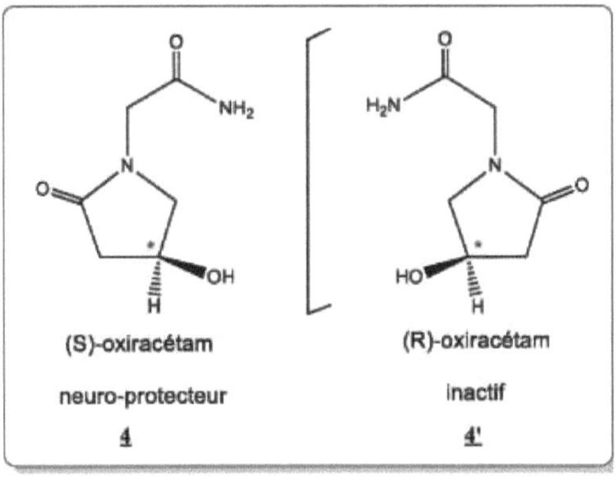

Figure 4

[n]Outro exemplo é o dextrometorfano5_, um medicamento utilizado no tratamento da tosse, enquanto o seu antagonista, o lelevometorfano5', é um poderoso narcótico **(Figura 5).**

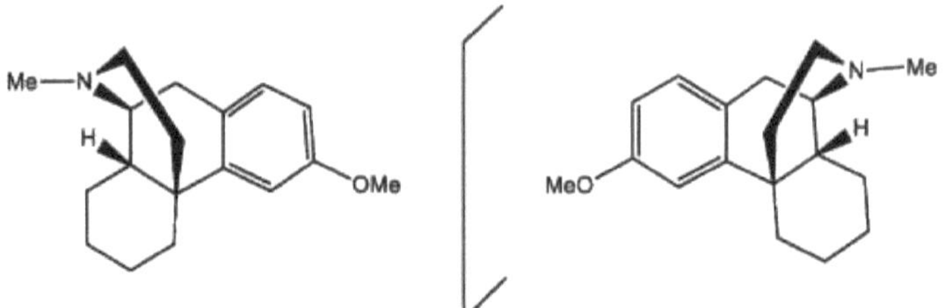

dextromethorphan
médicament contre la toux
5

levomethorphan
narcotique puissant, analgésique
5'

Figure 5

A napropamida, por exemplo, é um herbicida atualmente vendido sob a forma de um unmëlange racëmique. [12]Recentemente, o trabalho de Yanli Qi et al. mostrou que a R-(-)-napropamida6 afecta o crescimento das plantas mais severamente do que a S-(-)-napropamida.

(+)-**napropamida6' (Figura 6).**

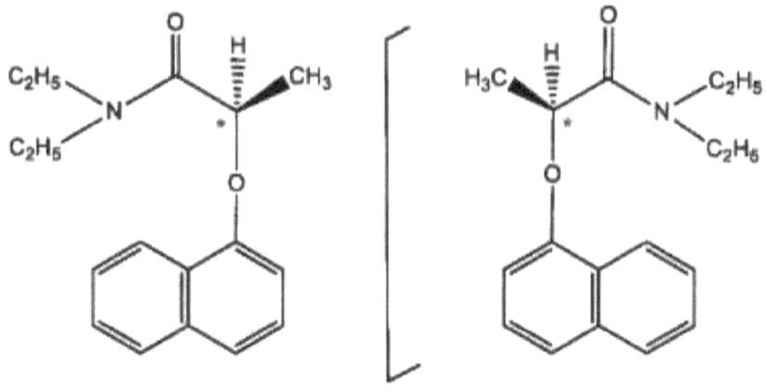

R-(-)-napropamide
6

S-(+)-napropamide
6'

Figure 6

Este constrangimento demonstra claramente a importância de um controlo rigoroso da estërëocimia dos produtos químicos. Atualmente, as moléculas utilizadas em produtos farmacêuticos são cada vez mais desenvolvidas sob a forma de um único enantiómero. Atualmente, existem três técnicas principais para a obtenção de compostos quirais opticamente puros:

- A utilização de uma piscina quiral.
- A duplicação da mistura racémica.
- Síntese assimétrica.

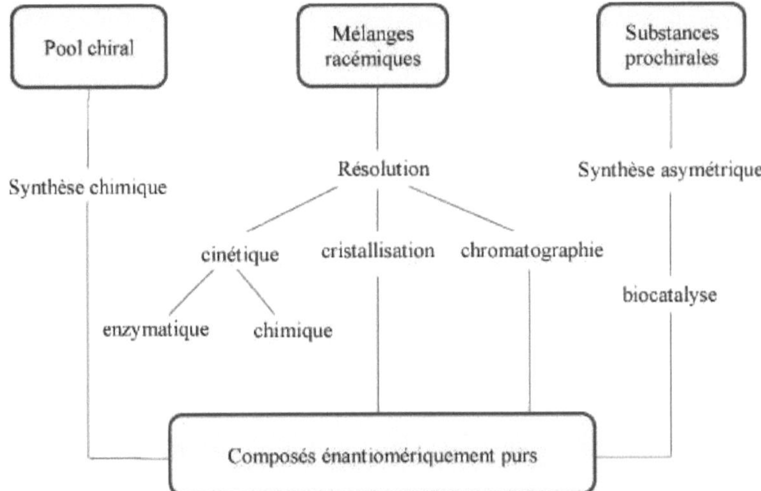

Figura 7: As principais técnicas de acesso a moléculas enantiopuras

A modificação de substratos do chamado pool quiral continua a ser certamente um dos melhores métodos para aceder a compostos químicos com uma pureza enantiomérica muito elevada. Estes substratos quirais têm a grande vantagem de as suas estereoquímicas serem conhecidas e, para a grande maioria deles, a pureza enantiomérica é frequentemente preservada.

O trabalho de investigação realizado nesta tese está relacionado com este método e tem como objetivo a síntese de novas N-fenilsulfonil-a-aminohidrazidas quirais a partir de aminoácidos naturais. O presente trabalho pode ser dividido em três partes:

• A primeira parte é dedicada à síntese de uma série de N-fenilsulfonil-a-aminoácidos quirais a partir de a-aminoácidos naturais.

A segunda parte descreve a síntese de N-fenilsulfonil-a-aminoésteres quirais por esterificação dos N-fenilsulfonil aminoácidos obtidos anteriormente.

a: R=Me; b: R= i-Pr; c: R=i-Bu; d: Sec-Bu; e: R=Bn

A terceira parte trata da síntese de N-fenilsulfonil-a-aminohidrazidas quirais por condensação dos a-aminoésteres obtidos com l'hidrazina.

a: R=Me; b: R= i-Pr; c: R=i-Bu; d: Sec-Bu; e: R=Bn

6

Capítulo I

Síntese de N-fenilsulfonil-a-aminoácidos a partir de aminoácidos naturais

A. Informações de carácter geral e referências bibliográficas

Os aminoácidos são compostos com uma função básica de amina e uma função ácida de ácido carboxílico **(Figura 8**). Existem duas famílias de aminoácidos:

- A-aminoácidos 7: as duas funções amina e ácido carboxílico são transportadas pelo mesmo carbono.
- **E-aminoácidos8**: a função ácida é transportada pelo carbono adjacente ao carbono que transporta a função amina.

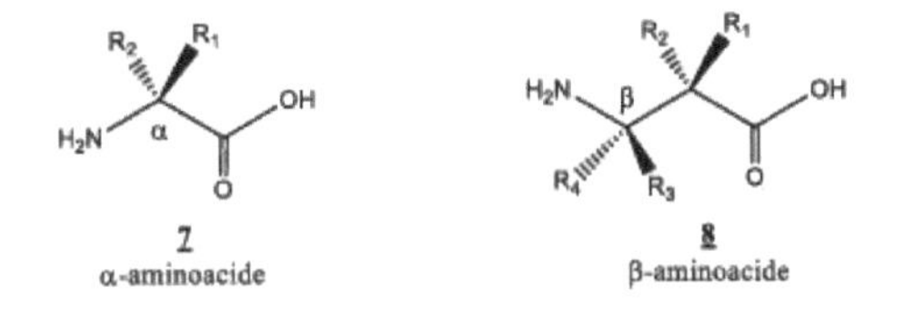

Les groupes R_1, R_2, R_3, R_4 représentent les chaînes latérales des acides aminés

Figure 8

[13-14]Nos últimos anos, a utilização de aminoácidos como precursores para aceder a moléculas quirais desenvolveu-se bem. [1516]Os aminoácidos naturais9 , que têm uma configuração absoluta do tipo (L) na representação de Fischer, são mais utilizados do que os seus homólogos não naturais do tipo (D)10 , **que** são caros e de difícil acesso (**Figura 9**).

Figure 9

Muitas vezes, os aminoácidos são representados na forma iónica porque o ácido é dëprotonë e, por outro lado, a amina é protonada**(Figura 10)**. O grupo amina exerce um efeito indutivo atrativo que leva a uma атёlюraьoп do ácido^ aumentando a polarização da ligação (OH), que se torna então mais frágil.A ligação hidrogëne intramolecular que se forma entre o oxigénio e o hidrogëne estabiliza consideravelmente os aminoácidos.

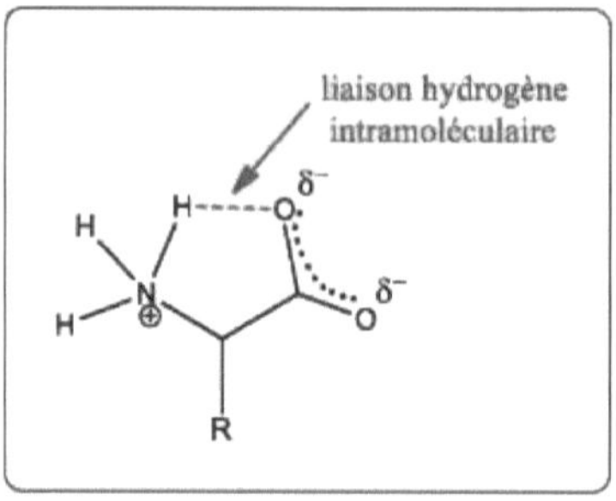

Figure 10

I. Diferentes métodos de proteção da função amina dos aminoácidos

[17]Para atuar facilmente sobre o grupo carboxilo COOH dos aminoácidos, a função amina deve ser protegida por um agente protetor.

A função amina deve ser protegida por um grupo que seja estável à maioria das manipulações químicas e que possa ser facilmente removido em condições suaves. Os reagentes mais utilizados para proteger a função amina são os derivados de ácido carboxílico (cloretos ou anidridos). [18]Cada grupo protetor possui uma estabilidade, ligação e eliminação específicas. Alguns exemplos são dados a seguir:

I.1 Proteção por t-butiloxicarbonilo (BOC)

[19] [20-21]O grupo T-butiloxicarbonilo é o grupo mais utilizado para a proteção das aminas. A primeira utilização deste grupo com aminoácidos, durante a síntese de péptidos, foi feita por Mckay et al. **(Esquema 1).**

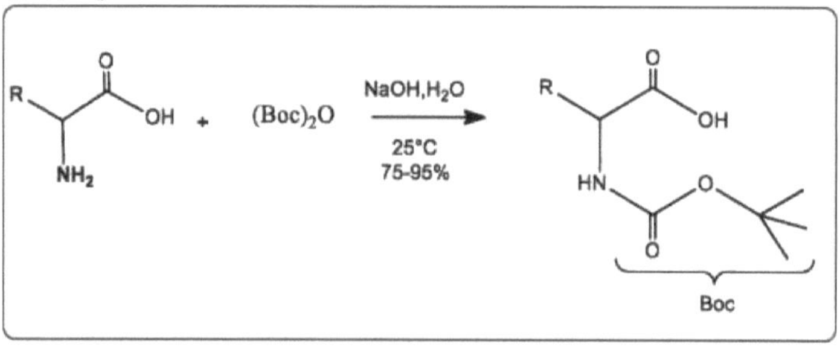

Schéma 1

(Boc)2Oé frequentemente eтployё numa solução aquosa de hidróxido de sódio. O mecanismo de proteção está representado^ na seguinte esclu'ma**(Esquema 2):**

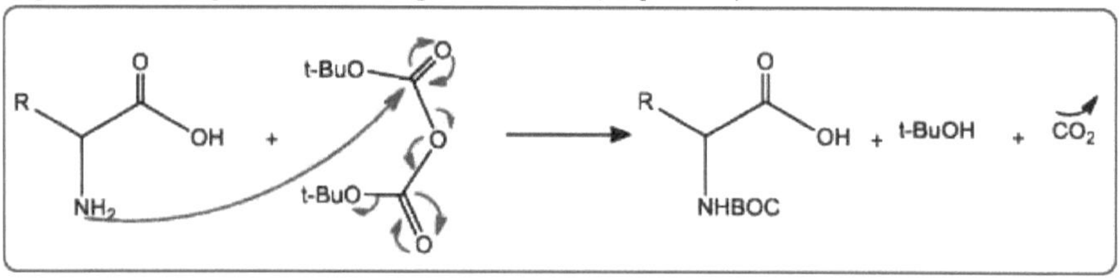

I.2 Proteção por 9-fluorenilmetoxicarbonilo (Fmoc)

O 9-fluorenilmëtoxicarbonilo (Fmoc) é muito estável em condições ácidas. É amplamente repandido em química de peptídeos e química de fase sólida de peptídeos. A.Caprino e Y.Han ШШзё este grupo pela primeira vez na proteção da função amina. O grupo (Fmoc) é estável em condições ácidas e resiste à hidrogënação catalítica. [22-23]A sua clivagem é realizada em condições básicas suaves na presença de uma base como a piridina ou diisopropilamina (iPr) 2NEt à temperatura ambiente (**Esquema 3**).

Schéma 3

I.3 Proteção por benziloxicarbonilo (Cbz)

O benziloxicarbonilo (Cbz) é o grupo protetor mais utilizado para a função amina, porque é muito estável em condições ácidas e pode ser facilmente eliminado por vários métodos. [24-25]Os **N-benziloxicarbonil-a-aminoácidos13** são obtidos por ação do **clorofórmio de benzilo12** sobre os **aminoácidos** correspondentes11 (**Esquema 4**).

Schéma 4

I.4 Proteção por anidrido ftálico (Ft)

O anidrido ftálico é relativamente estável em condições ácidas e básicas, mas pode ser facilmente eliminado com nucleófilos. [26-27]Os ácidos ftálicos foram utilizados pela primeira vez na síntese de péptidos por Kidd e King em 1948 (**Esquema 5**).

9

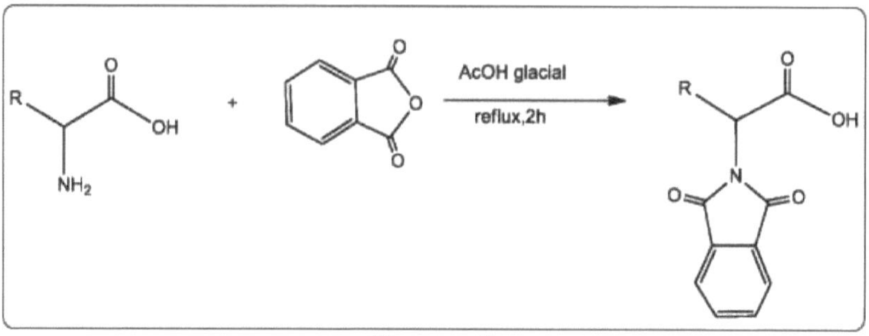

Diagrama 5

O mecanismo pelo qual o anidrido ftálico protege os aminoácidos é o seguinte **(Figura 6)**:

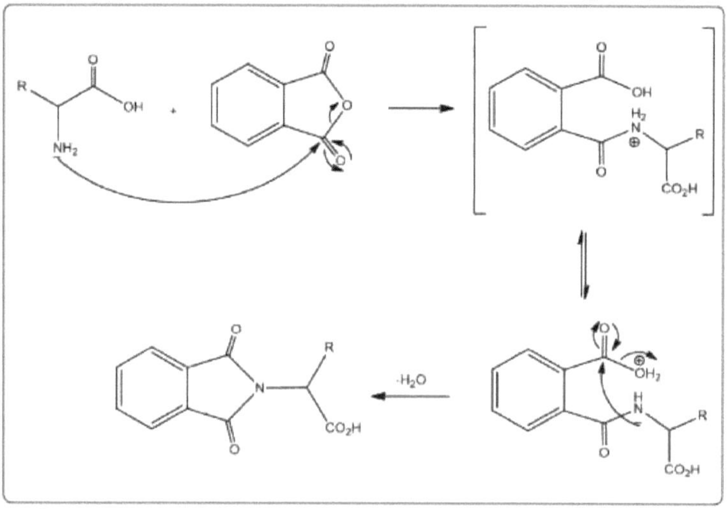

Esquema 6

I.5 Proteção por tolilsulfonilo ou tosilo(Ts)

[28]*Os* **N-tosil-a-aminoácidos16** podem ser preparados por ação do cloreto de tosilo (TsCl)**15** sobre o aminoácido correspondente **14**. A proteção da função amina é efectuada numa solução de hidróxido de sódio ou numa mistura de água/acetona na presença de um equivalente de diisopropiltrilaamina(iPr)₂NEt e de um equivalente de hidróxido de sódio (NaOH) **(esquema 7)**.

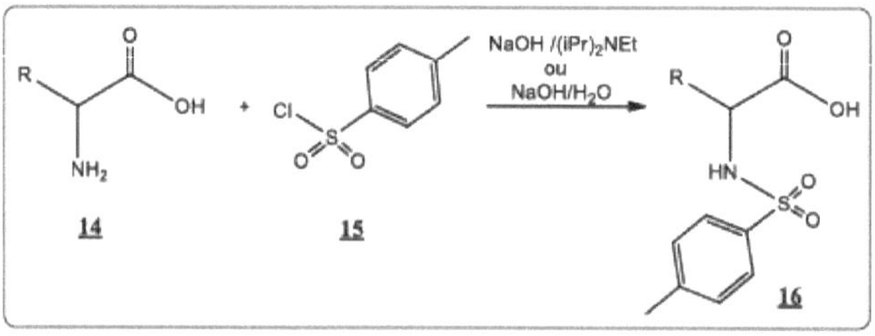

Diagrama 7

10

II. Clivagem de grupos protectores

A facilidade com que a função amina pode ser desprotegida determina a escolha do agente de proteção. Apresentamos abaixo alguns mëtodos de desproteção.

II.1 1 Clivagem do t-butiloxicarbonilo (Boc)

[29]Para degradar os produtos N-tertiobitoxicarbonílicos, trabalha-se geralmente num meio ácido **(Esquema 8)**:

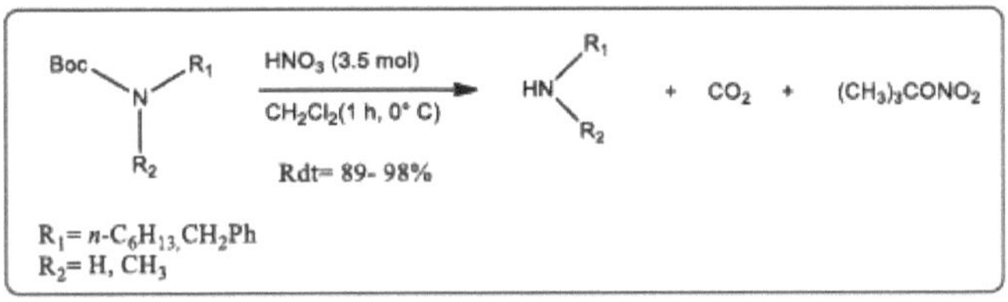

Diagrama 8.

[30]Em 2004, Norma J. Tom et al desenvolveram um processo para a desproteção de aminas primárias protegidas **17** pelo grupo (Boc) com excelentes rendimentos em condições básicas, utilizando t-butóxido de sódio em tetra-hidrofurano ou 2-metiltetra-hidrofurano (2-MeTHF) **(Figura 9).**

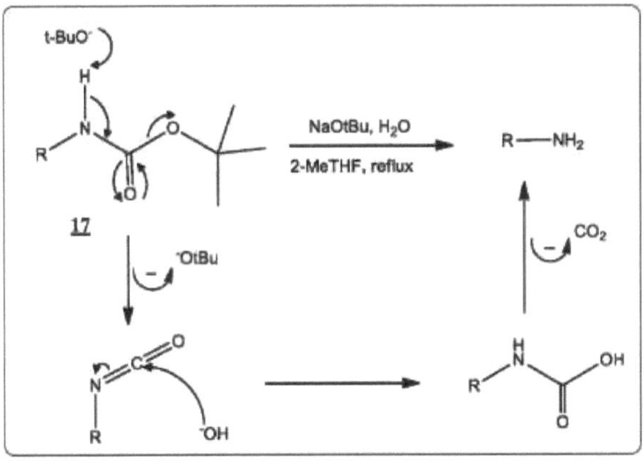

Schéma 9

[31]A dëprotection do t-butiloxicarbonilo em meio básico também pode ser realizada pela ação do carbonato de sódio (Na2CO3) num refluxo de dimëthoxyëthane (DME/H2O) **(Esquema 10).**

<u>**Schéma 10**</u>

II.2 2 Clivagem do benziloxicarbonilo (Cbz)

[24-25]A dëproteção dos produtos N-benziloxicarbonílicos^s é rëalisëe gënëralmente por uma hidrogënação catalítica (**Esquema 11**).

<u>**Esquema 11**</u>

Os produtos de N-benziloxicarbonato também podem ser dëprotëgerados usando 10% do Pd/C e um ëequivalente de tëtrahyduroborato de sódio(NaBH4) em шë^ис![32] (**Esquema12**).

<u>**Esquema12**</u>

II.3 3 Clivagem do anidrido ftálico

[26-27]A clivagem do anidrido ftálico é frequentemente rëalisë pela hidrazina num mëlange de dicloromëtano e mëtanol (**Esquema 13**).

<u>**Esquema13**</u>

II.4 4 Clivagem de tolilsulfonilo ou tosilo(Ts)

[33]A proteção dos produtos N-tosil é rëalisëe gënëralement na presença de um metal redutor como o mag^sio (**Esquema 14**).

12

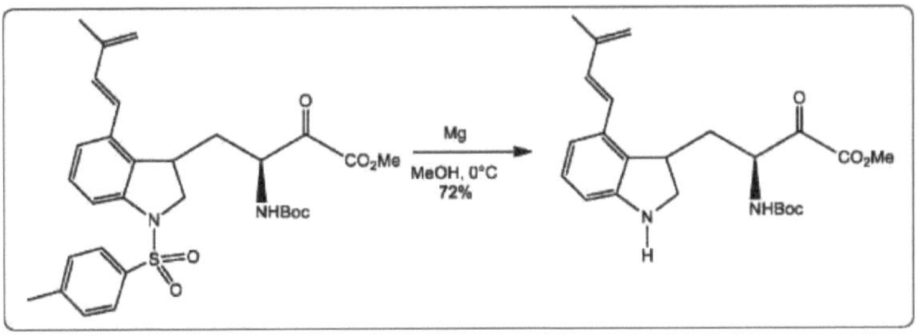

Diagrama 14

III. Interesses sintéticos de aminoácidos protegidos

Os aminoácidos monoprotëgës ou diprotëgës na função amina são ШШзёз como um produto em dëpart para acx'der a uma vasta gama de produtos quirais, tais como aminocëtonas **(18,19e20)**, os N-tosil-N-mëtilaminoácidos21, *os N-*tosilaziridinas22eN-tosil-N-mëtilaminonitrilos23 **(Esquema15).**

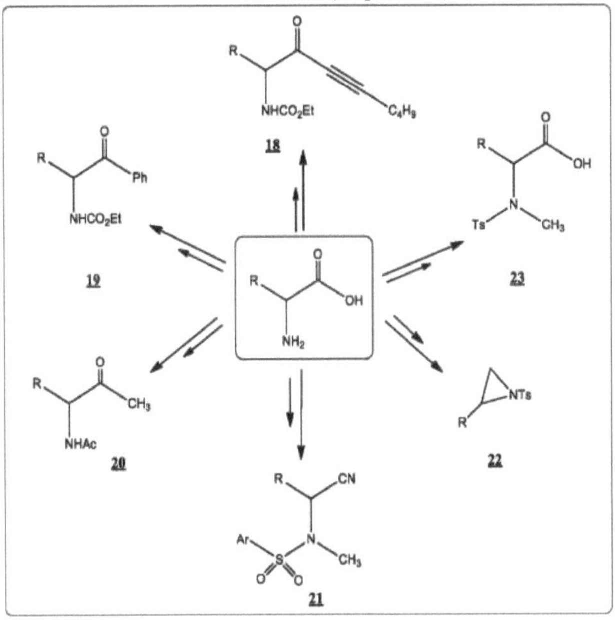

<u>Schéma15</u>

III.1 .1 Síntese das a-aminocetonas

Uma revisão da literatura mostrou que vários métodos para sintetizar a-aminocëtones foram desenvolvidos:

111.1. síntese de a-aminoynone

[34]Em 1985, Thomas L. Cupps et al , descreveram um método em três etapas para a síntese de **a-aminoynone18** a partir de **N-ëthoxycarbonyl-L-alanine24**. A reação do produto 24 com cloreto de oxalilo em dimëtilformamida (DMF) conduz ao cloreto de ácido **25.** Este intermëdiário é subsequentemente convertido em **pirrolidida26** pela adição de pirrolidina

recém-destilada, depois ^ш^этгё em a-aminoynone18 pela ação do hexeniltrifluoroborato de
lítio **(Esquema 16)**.

Schéma 16

111.2. b Síntese da a-aminofenilcetona

[3536]Esta mesma ëquipe dëcreveu a preparação da a-aminophënylcëtone19tratando *o cloreto de*
N-ëthoxycarbonyl-L-alanina25 prëcëdemment dëcrit com benzëne na presença do
catalisador AlChas **(Esquema 17)**.

Schéma 17

ПЫ.e Síntese da a-aminometilcetona

A conversão direta de um a-aminoácido na correspondente **N-acetil-a-aminometilcetona20**
pela ação do anidrido acético (Ac)₂o na presença de piridina ocorre com a libertação de CO_2. [37-
39] Esta reação é geralmente conhecida como a "Reação de Dakin-West" **(Esquema 18)**.

Schéma 18

III.2   .2 Síntese de a-aminonitrilos opticamente puros

[40]Em 2009, a nossa equipa sintetizou novas N-metil-N-arilsulfonil-a-aminonitrilas21
isomericamente puras, a partir dos correspondentes N-arilsulfonil-a-aminoácidos **27** através
de N-metil-N-arilsulfonil-a-aminoamidas **primárias28**.

A utilização de cloreto de tionilo como agente desidratante deu os seguintes resultados
aminononitrilos sem qualquer racemização parcial do carbono assimétrico **(esquema 19)**.

14

Schéma 19

III.3 Síntese de aziridinas

As N-tosilaziridinas22 foram preparadas a partir de **N-tosil29** aminoácidos, em primeiro lugar por redução da função ácida (COOH) formando os **aminoálcoois** correspondentes30. [41]Este último é convertido no produto dësirë **22 pela** ação do cloreto de tosilo na presença de piridina **(Esquema 20).**

Esquema 20

III.4 Síntese dos N-metil-a-aminoácidos

[42]*Os* **N-metilaminoácidos23** são frequentemente utilizados na síntese de péptidos. Freidinger et al, desenvolveram um método para sintetizar **N-metil-a-aminoácidos23** que envolve a condensação de **aminoácidos N-protegidos29** com paraformaldeído na presença de ácido paratoluenossulfónico (APTS) como catalisador para formar **oxazolidina-5-onas31** que são depois reduzidas por trietilsilano e ácido trifluroacético para dar N-tosil-N-metil-a-aminoácidos23 **(Esquema 21).** Note-se que este método é aplicável a uma variedade de aminoácidos e aldeídos e não conduz à racemização do carbono assimétrico.

Schéma 21

B. Trabalho pessoal

I.   Síntese de N-fenilsulfonil-a-aminoácidos quirais

O nosso objetivo nesta primeira parte do trabalho é proteger a função amina dos aminoácidos naturais32**(a-f)**. Isto permite aumentar a solubilidade dos nossos produtos em solventes

15

correntes e trabalhar a função ácida sem qualquer problema. A proteção da função amina é efectuada com cloreto de defenilsulfonilo na presença de um equivalente de hidróxido de sódio e de um equivalente de diisopropiletilamina numa mistura água/acetona (1/1) à temperatura ambiente.

A síntese dos N-fdnilsulfonil-a-aminoácidos33(a-f)é ilustrada nos seguintes esquemas de reação **(Esquemas 22 e 23).**

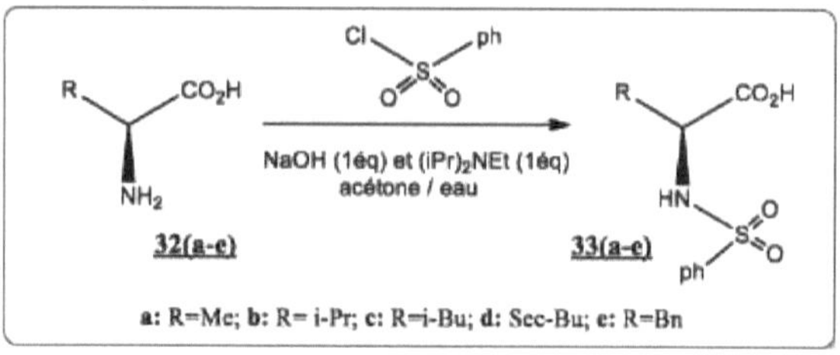

Diagrama 22

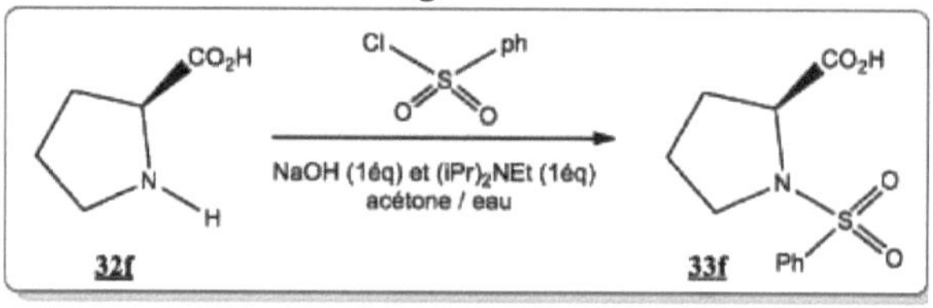

<u>Schéma 23</u>

Mécanisme réactionnel

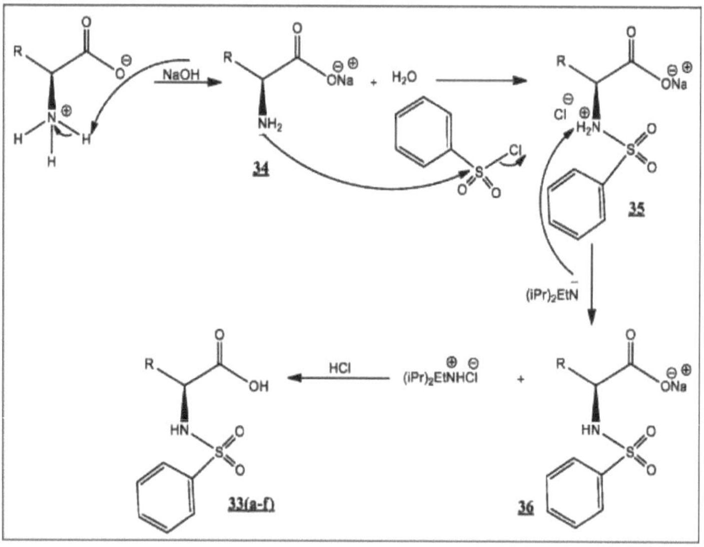

<u>Schéma 24</u>

O mecanismo começa com uma dëprotonação da função amina pelo hidróxido de sódio para formar o **sal34**. O intermëdiário 35 **é** obtido **por** ataque nucleofílico da amina ao enxofre do cloreto de fenilsulfonilo. A adição de uma base, como a diisopropiletilamina, conduz ao *sal de* ácido N-fenilsulfonílico36 *que* é convertido no produto dësirë pela adição de um excës de ácido clorídrico concentrado **(Esquema 24).**

Os rendimentos químicos e os aspectos físicos dos N-fenilsulfonil-a-aminoácidos preparados são apresentados no quadro seguinte:

Quadro I

Rendimentos químicos e aspectos físicos dos N-fenilsulfonil-a-aminoácidos preparados

Aminoácidos	R	Rendimento % (%)	Aspeto	Ponto de fusão (°C) ± 2°
Alanina	Eu	93	Branco sólido	132
Valina	i-Pr	80	Branco sólido	138
Leucina	i-Bu	85	Branco sólido	122
Isoleucina	Sec-Bu	83	Branco sólido	142
Fenilalanina	Bn	91	Branco sólido	160
Prolina	-(CH_2)3-	80	Branco sólido	58

II. Estudos espectroscópicos de N-fenilsulfonil-a-aminoácidos

[113]Os N-fenilsulfonil-a-aminoácidos preparados neste trabalho foram identificados por RMN de H e C a e .

II.1 1 Propriedades espectroscópicas de 1H NMR

O estudo espetroscópico de RMN de 1H confirmou as estruturas dos N-fenilsulfonil aminoácidos preparados (ver secção experimental). Como exemplo, vejamos o caso da *N-*fenilsulfonil-(L)-**valina33b**:

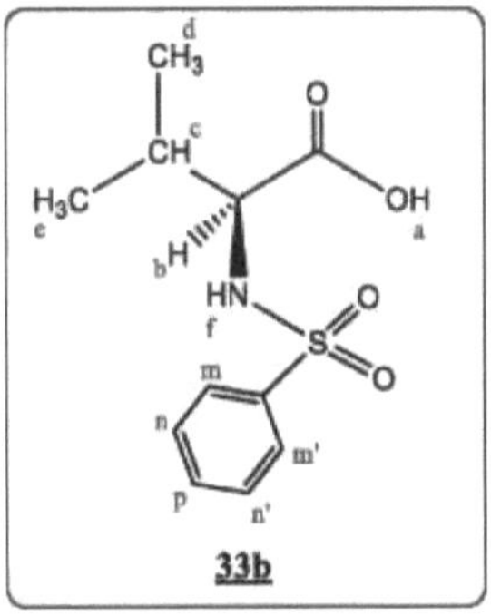

d
CH₃
CH c
H₃C
e
b H
a
OH
O
HN
f
S
O
O
m
n
m'
p
n'
33b

_N_- fenilsulfonil-(L)-valina

O espetro de RMN de 1H do **composë33b(Figura 11)**registado a 300 MHz em clorofórmio deutërë mostra os seguintes sinais:

- Um doublet de integração 3H tem 0,88 ppm correspondente aos protões mëtílicos (CH3)eou(CH3)d com uma constante de acoplamento (J= 6,9 Hz).
- Um doublet de inegração 3H a 0,96 ppm correspondente aos protões mëtílicos (CH3)dou (CH3)e com uma constante de acoplamento (J= 6,6 Hz).
- Um multipleto de integração protónica entre 2,04 e 2,16 ppm correspondente ao protão Hc.
- Um doublet dëdoublë inegração a um protão a 3,81 ppm correspondente ao protão Hb (J=9,9 Hz; J=4,8 Hz).

- Um doublet de intëgração um protão a 5,15 ppm correspondente ao protão Hf com uma constante de acoplamento (J=9,9 Hz).
- Um multipleto de intëgração 3H entre 7,45-7,58 ppm correspondente aos protões Hn,Hn' e Hp.
- Um doublet de intëgração 2H tem 7,85 ppm correspondente aos protões Hm e Hm' com uma constante de acoplamento (J=7,8 Hz).

II.2 ^{13}2 Propriedades espectroscópicas de RMN C

^{13}O espetro de RMN de dissociação total de protões C do mesmo **composto33b (figura 12)**, registado em clorofórmio deuterado a 75 MHz, confirma a estrutura com base nos seguintes sinais:

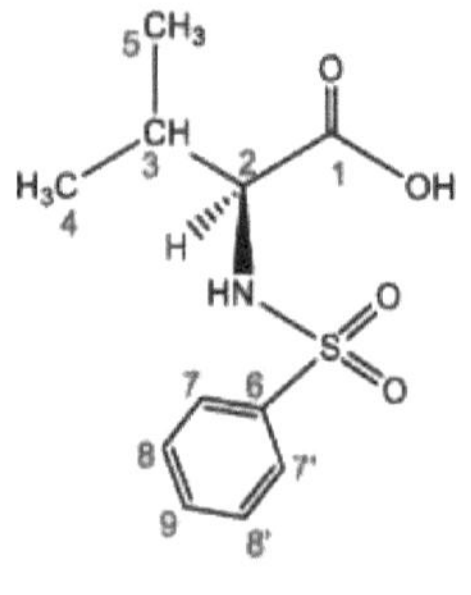

- Um sinal a 16,69 ppm correspondente ao carbono C4 ou C5.
- Um sinal a 18,36 ppm corresponde ao carbono C5 ou C4.
- Um sinal a 30,94ppm corresponde ao carbono C3.
- Um sinal a 60,18ppm corresponde ao carbono C2.
- Sinais a 126,73; 128,49; 132,38; 139,32 ppm correspondentes, respetivamente, aos carbonos aromáticos C8,8'; C7,7'; C9; C6.
- Um sinal a 174,70 ppm corresponde ao carbonilo C1.

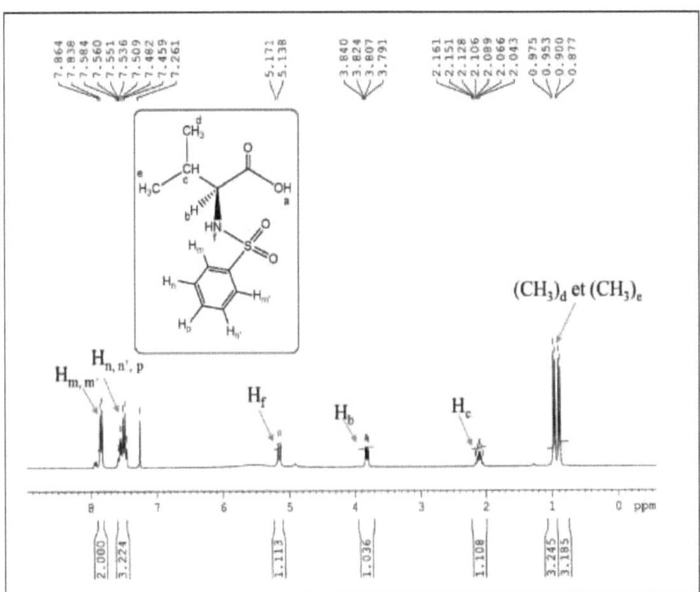

Figura 11. Espectro de RMN de H do composto **33 registado** a 300 MHz (CDCl)

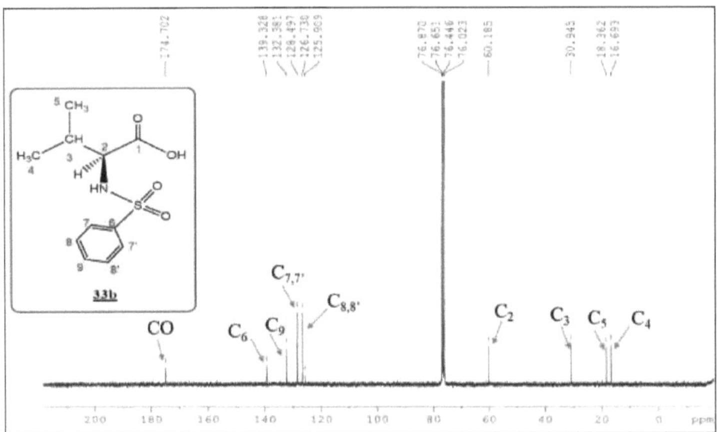

Figura 12. Espectro de RMN de C do composto **33 registado** em CDCl a 75 MHz.

C. Conclusão

Neste primeiro capítulo, rëalisëmos a síntese de uma sëerie de *N*- fenilsulfonil-a-aminoácidos **33(a-f)**quirais em rendimentos que variam de 80% a 93%. Esta proteção é rëalisëe tratando os a-aminoácidos naturais com cloreto de fenilsulfonilo. Os a-aminoácidos monoprotëgëquirais obtidos serão utilizados para preparar os a-aminoésteres correspondentes, que serão objeto do próximo capítulo.

Capítulo II

Síntese *de* N-fënilsulfonil-a-ammoésteres quirais

A. Informações de carácter geral e referências bibliográficas

[4344-45]A revisão da literatura mo nstra que os a-aminoésteres são intermediários importantes que têm ë1.ë и^^ë na síntese de peptídeos e na química medicinal .

Neste capítulo, descreveremos alguns exemplos significativos da utilização de a-aminoésteres em síntese orgânica, bem como os seus mëtodos de preparação, e de seguida apresentaremos o nosso trabalho pessoal.

I. Juros sintéticos

Uma vasta gama de produtos de interesse biológico tem sido preparada a partir de a-aminoésteres. Alguns exemplos são dados abaixo:

I.1 Síntese de 1,2,4-oxadiazina-6-onas por condensação de óxidos de nitrilo aromáticos com a-aminoésteres

[46]A primeira síntese da 1,2,4-oxadiazina-6-ona foi efectuada por Hussein et al. em 1984. Este método consiste em condensar óxidos de nitrilos **aromáticos37** com a-aminoésteres do **tipo38** para obter **intermediários39** que ciclam para dar 1,2,**4-oxadiazin-6-onas40** em rendimentos químicos entre 12% e 73% **(Esquema 25)**.

<u>**Schéma 25**</u>

I.2 Síntese de um derivado de azabenazolina a partir do éster metílico da glicina

[47]Em 2010, C. Lamberth synthëtisë um herbicida de auxina em três estágios a partir de glicina mëthyl **ester41**. Este é tratado com dissulfureto de carbono (CS_2) e hidróxido de sódio para dar o ditiocarbamato **instável42**. A adição de cloroacëtonitrilo à mistura reacional leva à formação de acetato de 4-imino-2-tioxo-3-tiazolidina43. Este intermediário é condensado com в-etoxienona na presença de uma quantidade catalítica de piperidina para dar um **derivado** de tiazolo [4,5-b] **piridina44**, que é convertido por dessulfuração com o trifluoroacetato de mercúrio enderivado de azabenzolina45**(Esquema 26)**.

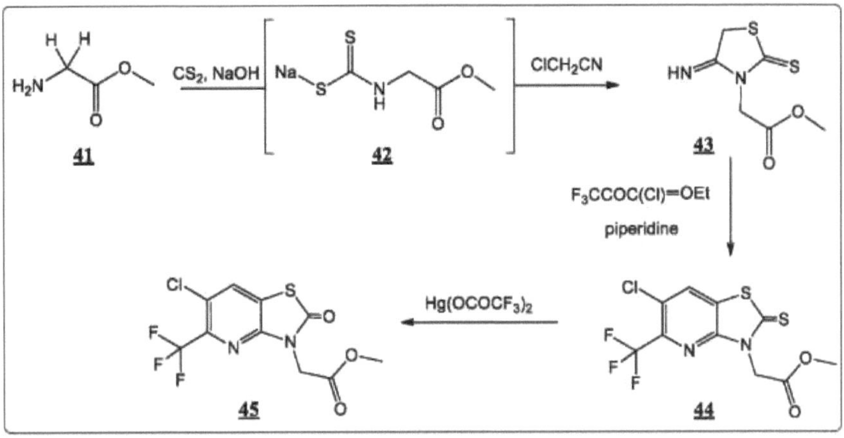

<u>**Schéma 26**</u>

I.3 Síntese da fenamidona a partir do éster metílico da (S)-metilfenilglicina

[47]Em 2010, C.Lamberth também sintetizou a fenamidona em três etapas a partir do **éster** metílico da (S)-**metilfenilglicina46**. A primeira etapa consiste na adição de lathiophosgene ao éster metílico para dar o **isotiocianato47** que é depois convertido em tiohidantoína48 pela adição de fenil-hidrazina. Finalmente, o produto desejado [(5S)- 5-metil-2-(metilsulfonil)-5-fenil-3-(fenilamino)-3,5-di-hidro-4H-imidazol-4-ona] 49 é obtido por metilação com enxofre **(esquema 27).**

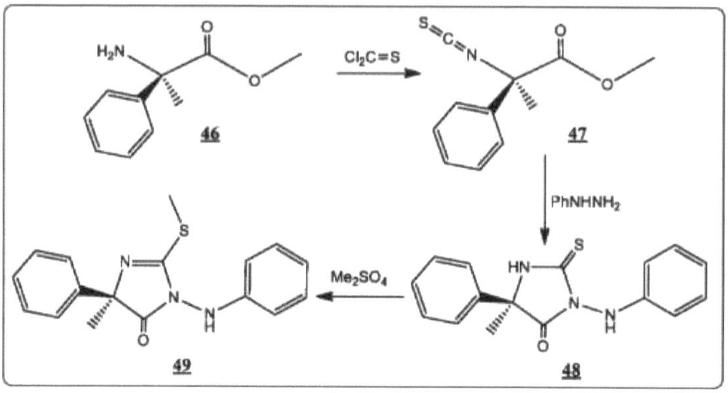

<u>Esquema 27</u>

I.4 Síntese de novos ligandos quirais a partir do 2-amino-3-metilbutanoato de metilo

[48]U.balakrishnan et al, sintetizaram um novo ligante quiral a partir de тёЛук **50** 2-amino-3-mëthylbutanoate. A condensação deste último com 5-cloro-2- **hidroxibenzaldeído51** sob refluxo de tolueno conduz ao Гmtermëdiário **52** que, posteriormente, dá origem ao produto dësirë **53** por redução na presença de mëtanol (**Esquema 28**).O produto 53aëtë ШШзë como um ligante quiral para catalisar reações de redução ënantiosëlective de cëtones (**Esquema 29**).

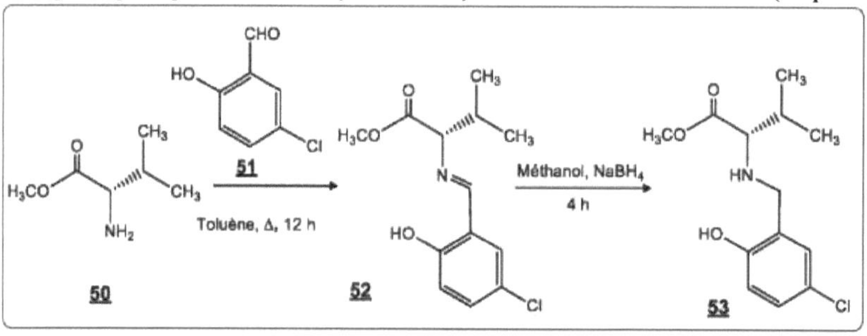

<u>Schéma28</u>

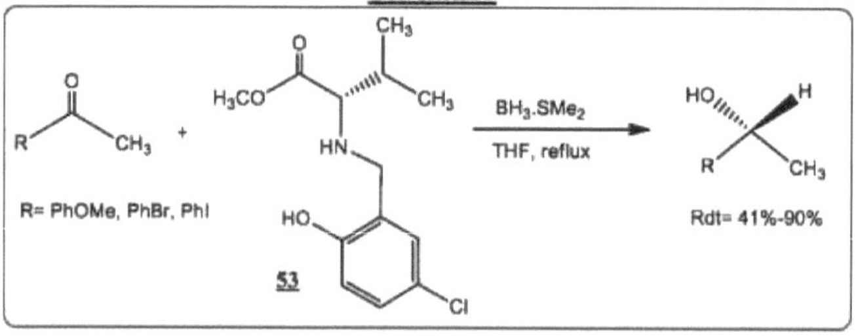

<u>Schéma 29</u>

II. Diferentes métodos de preparação de a-aminoésteres

A revisão da literatura mostrou que a esterificação ácida pode ser conseguida por vários métodos.

II.1 1 Esterificação em meio ácido

[47]C.Lamberth sintetizou **o éster** metílico da (S)-**metilfenilglicina46** por adição de metanol à (S)-**metilfenilglicina54** num meio ácido **(esquema 30)**.

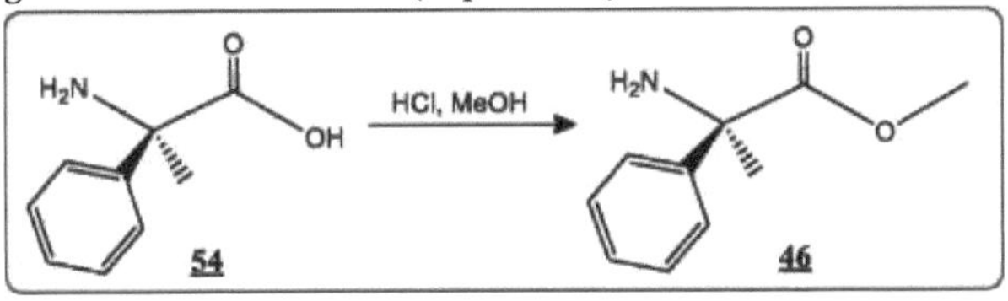

Esquema 30

II.2 2 Esterificação num meio básico

P. Strazzolini et al 29 sintetizaram **ésteres benzílicos56** a partir de *N-Boc*(L)-**aminoácidos55**. O tratamento dos correspondentes a-aminoácidos protegidos com 1'a-bromo tolueno (PhCH2Br) na presença de 1'hidreto de sódio em 1,1'-oxibis[2-metoxietano] (diglimo) permitiu obter **ésteres benzílicos56** com rendimentos químicos entre 47% e 72% **(esquema 31)**.

Esquema 31

II.3 3 Esterificação com clorotrimetilsilano (TMSCl) e metanol

[49]Jiabo Li e yaowu Sha têm prëparë uma sërie de aminoésteres тë^yHдие5^o^ forma de um sal de cloridrato pela reação de aminoácidos57não protëgës com nrethanol anidroe clorotrimëthylsilane (TMSCl) (**Esquema 32**).

Schéma 32

A utilização de TMSCl / MeOH tem as seguintes vantagens: a operação é fácil, as condições são suaves, a reação é simples e os rendimentos são bons a excelentes.

II.4 4 Esterificação com metanol na presença de cloreto de tionilo (SOCh)

[48]U.Balakrishnan et al, synthëtisësle (L)-valina mëthyl ester60 na forma de um cloridrato se l pela reação da (L)-valina **59** com metanol e cloreto de tionilo (SOCh) à tempëratura ambiente (**Esquema 33**).

Schéma 33

B. Trabalho pessoal

1. Síntese de N-fenilsulfonil-a-aminoésteres quirais a partir de N-fenilsulfonil aminoácidos

[49]Neste trabalho, adoptëmos o mëtodo de Jiabo Li e yaowu Sha, rëalisëe em aminoácidos não-processados, para transformër os aminoácidos N-fenilsulfonílicos preparados no primeiro capítulo nos a-aminoésteres correspondentes.

Note-se que, no caso dos aminoácidos livres, os ésteres são obtidos sob a forma de sais de cloridrato.

O tratamento dos a-aminoácidos **33(a-f)** N-protegidos com clorotrimetilsilano e metanol à temperatura ambiente permitiu obter *os a-aminoésteres* N-fenilsulfonílicos61**(a-f)** com bons rendimentos químicos **(esquemas 34 e 35).**

A sequência da reação está resumida no diagrama seguinte:

Esquema 34

Schéma 35

O mecanismo desta reação é o seguinte **(Esquema 36)**:

Schéma 36

Os rendimentos químicos e os aspectos físicos dos produtos preparados são apresentados em

o quadro seguinte:

Quadro II

Rendimentos químicos e aspectos físicos dos a-aminoésteres preparados61 **(a-f)**

Compor	R	Rendimento % (%)	Aspeto	Ponto de fusão (°C) ± 2°
61a	Eu	94	Branco sólido	66

61b	i-Pr	74	Branco sólido	92
61c	i-Bu	95	Branco sólido	70
61d	Sec-Bu	88	Branco sólido	68
61e	Bn	95	Branco sólido	104
61f	-(CH2)3-	95	Branco sólido	86

11. Estudos espectroscópicos de N-fenilsulfonil-a-aminoésteres preparados

[113]Os a-aminoésteres foram identificados por espetroscopia de RMN de H e C.

11.1 Propriedades espectroscópicas de 1H NMR

[1]A espetroscopia de RMN H confirmou as estruturas dos N-fenilsulfonil-a-aminoésteres preparados (ver secção expërimental). Como exemplo, estudemos o caso do N-fenilsulfonil-2-amino-3-metilpentanoato **de metila61d (Figura 13).**

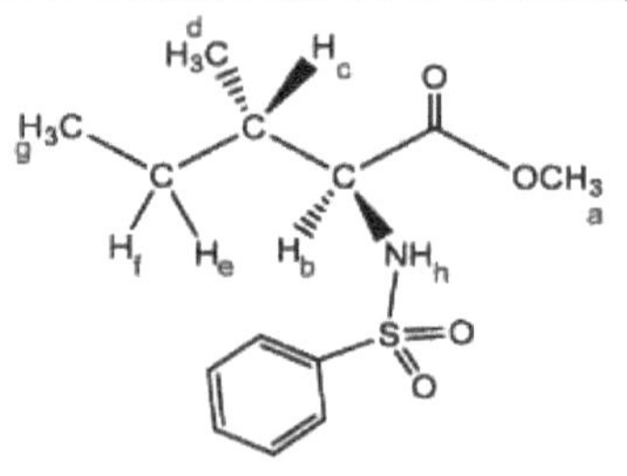

N-fenilsulfonil-Z-amino-S-metilpentanoatedetil

O espetro de RMN de 1H do **composto61d (Figura 13)**, registado a 300 MHz em clorofórmio deuterado, apresenta os seguintes sinais

• Um multipleto entre 0,84-0,90 ppm de integração 6H relacionado com os protões de metilo (CH3)det(CH3)g.

• Um   múltiplo de 1 ,10-1,20 ppm de integração   do   protão   em   relação   ao protão Hfou He.

• Um   multipletre 1 ,38-1,46 ppm de integração de um   protão   em   relação   ao protão de He ou Hf.

• Um   multipletre 1 ,70-1,80 ppm de integração de um   protão   em   relação   ao protão Hc.

• Um singleto tem 2,   16ppm de integração 3H em relação aos   protões   do   grupo metoxi.
(OCH3).

• Um doublet duplica a 3,79 ppm a integração de um protão em relação ao protão H com uma constante de acoplamento (J=5,7 Hz; J=9,9 Hz).

• Um doublet tem uma integração de 5,14 ppm, um protão relativo ao protão Hh com uma constante de acoplamento (J=9,9 Hz).

• Um multipleto entre 7,46-7,56 ppm de integração 3H relativo aos protões Hn,Hn' e Hp.

• Um doublet tem 7,83ppm de integração 2H relativamente aos protões Hm e Hm' com uma constante de acoplamento (J=7,5 Hz).

11.2 [13]Propriedades espectroscópicas de RMN C

^{13}O espetro de RMN de dissociação total de protões C do mesmo composto **61d** (**Figura 14**), registado em clorofórmio deuterado a 75 MHz, confirma a estrutura com base nos seguintes sinais:

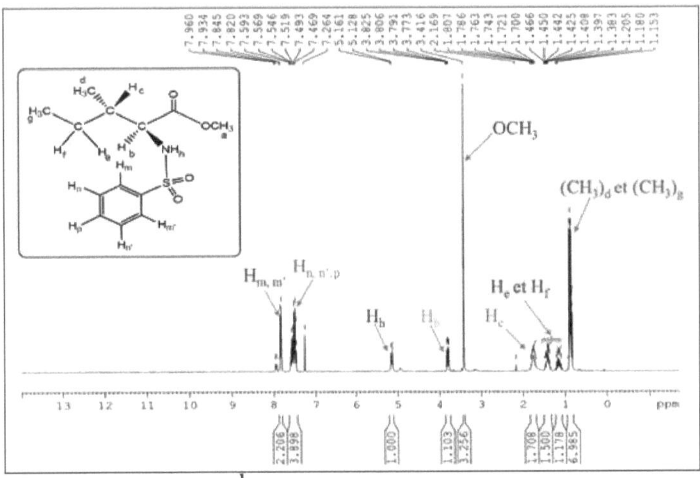

- A10 , 69ppm sinal para carbono C6.
- Um sinal de 14 ,82ppm para o carbono C7.
- Um sinal de 24 ,15ppm relativo ao carbono C5.
- Um sinal de 37 ,90ppm para o carbono C4.
- Sinal de 51 ,60ppm para o carbono Ci.
- Um sinal de 59, 77ppm relativo ao carbono C3.
- Sinais a 126,79; 128,47; 132,27; 139,11 ppm correspondentes, respetivamente, aos carbonos aromáticos C10,10'; C9,9'; C11; C8.
- Um sinal a 171,17 ppm relacionado com o carbonilo C2.

Figura 13. **Espectro de RMN de H do composto 61d registado a 300 MHz (CDCl)**

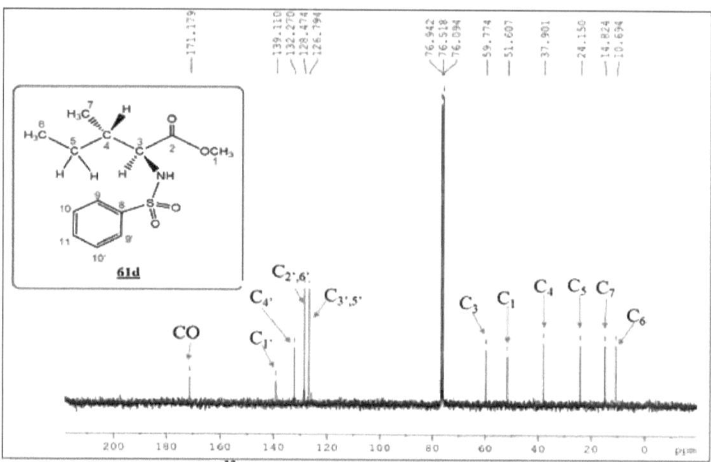

Figura 14. Espectro de RMN de C do composto **61d** registado em CDCl a 75 MHz
3

C. Conclusão

Durante este segundo capítulo, rëalisamos a síntese de uma sërie de seis *a*- aminoésteresN-рЬёпуки1£опу^61**(a-0** quirais com rendimentos químicos entre 74% e 95%. A conversão destes ésteres nas hidrazidas correspondentes será o tema do próximo capítulo.

Capítulo III

Síntese de N-fënilsulfonil-a-ammohidrazidas *quirais*
quirais

A. Informações gerais e referências bibliográficas

[50-5455]Uma revisão da literatura mostra que as hidrazidas são precursores importantes para a síntese de hëtërociclos , produtos farmacêuticos, polímeros e corantes . Em particular, as hidrazidas quirais são procuradas no campo da síntese assimétrica e várias equipas têm tentado prepará-las na forma enantiomericamente pura.

Neste capítulo, começaremos por dar uma visão geral dos diferentes métodos de síntese das hidrazidas e das suas aplicações. De seguida, apresentaremos o nosso trabalho pessoal.

I. Interesses sintéticos das hidrazidas

As hidrazidas são compostos altamente reactivos que têm sido utilizados como materiais de partida para novas estruturas heterocíclicas. [56]Por exemplo, a hidrazida do tipo **62** foi reagida com pentano-2,4-diona, etoxialquilideno e feniltioisocianato, respetivamente, para dar os produtos **(63,64,65)(Esquema 37)**.

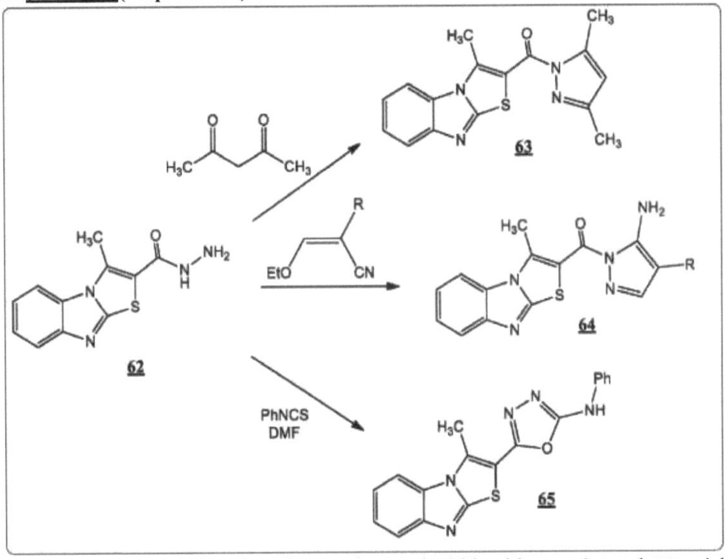

A seguir, damos mais exemplos da aplicação de a-aminohidrazidas na síntese hëtërocíclica.

I.1 Síntese de 1,3,4-oxadiazóis a partir de a-aminohidrazidas

[57-596061-64]Os 1,3,4-oxadiazóis desempenham um papel particularmente importante na química medicinal devido às suas diversas actividades biológicas: anti-tumoral, antibacteriana e antimicrobiana. [50]Neste contexto, kudelko et al. desenvolveram um novo método para a síntese de 2-aminometil-1,3,4-oxadiazóis. O tratamento de **a-aminohidrazidas66** com trietilortoésteres em refluxo de benzeno e na presença de ácido acético glacial conduziu à formação de **2,5-dissubstituídos-1,3,4-oxadiazóis67** em bons rendimentos químicos **(Esquema 38)**.

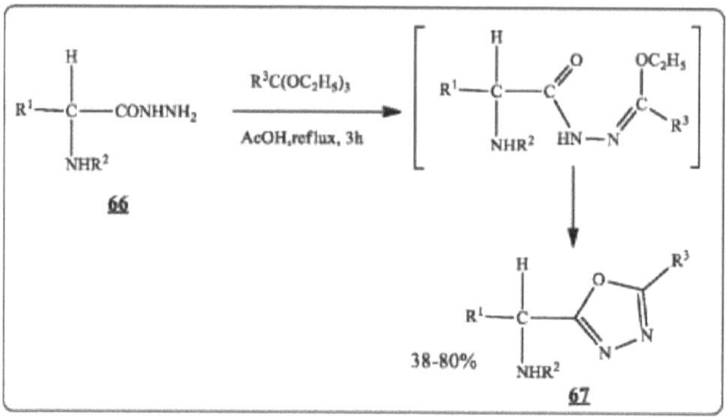

Schéma 38

I.2 Síntese da hidrazida de salicilideno

[65]Em 2006, J. Becher et al. desenvolveram uma via de síntese para a primeira **hidrazida** salicilideno derivada de hidratos de **carbono70** , que representa uma importante classe de ligandos quirais em complexos de oxo vanádio. Esta síntese foi efectuada por condensação da hidrazida68 com hidroxibenzaldeído (salicilaldeído)69 **em** etanol refluído durante seis horas **(Esquema 39).**

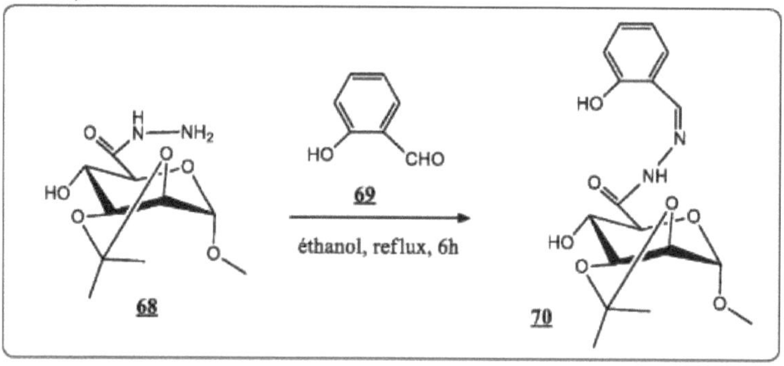

Schéma 39

Note-se que a hidrazida **68** foi preparada a partir do mCtil-a-(D)-**manopiranosídeo71** através de três etapas, como se segue:

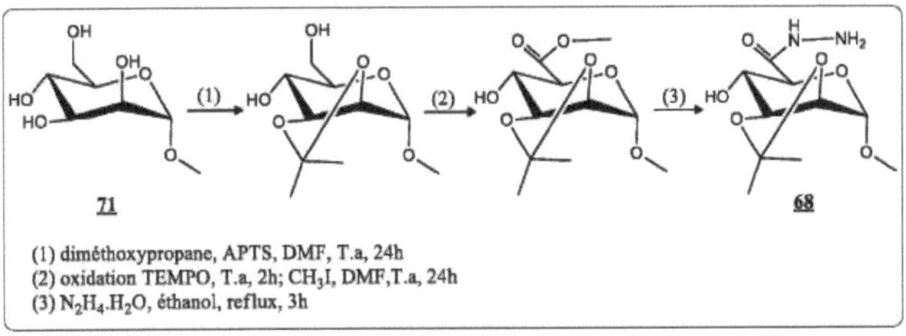

Schéma 40

I.3 Síntese de *4-acetil-N-benzilideno-3*,5-dimetil-1H-pirrolo-2-carbohidrazidas

[66]Na procura de novos agentes anti-tuberculose pulmonar, AtulManvar et al. sintetizaram *4-actil-N-benzilideno-3*,**5-dimetil-1H-pirrolo-2-carbohidrazidas73** a partir de pirrolo-hidrazida72 utilizando ácido acético glacial como catalisador **(Esquema 41)**.

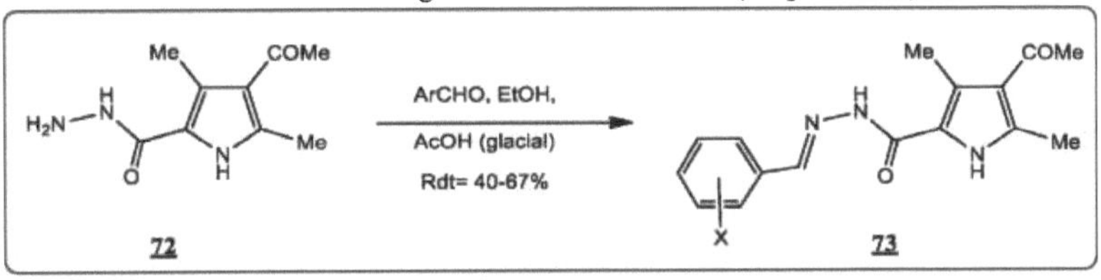

Schéma 41

I.4 Estrutura em sanduíche da porfirina de ruténio comercial e da hidrazida de valina

[67]Em 2011, Q.-F. Liang et al rëalisë a estrutura em sanduíche da porfirina de ruténio comercial [RuII(TDCPP)CO] e **da hidrazida** de **lavalina74**. Estes complexos são usados para derivatizar aminoácidos e dëterminar a configuração absoluta com base em RMN e dicroísmo circular **(Esquema 42)**.

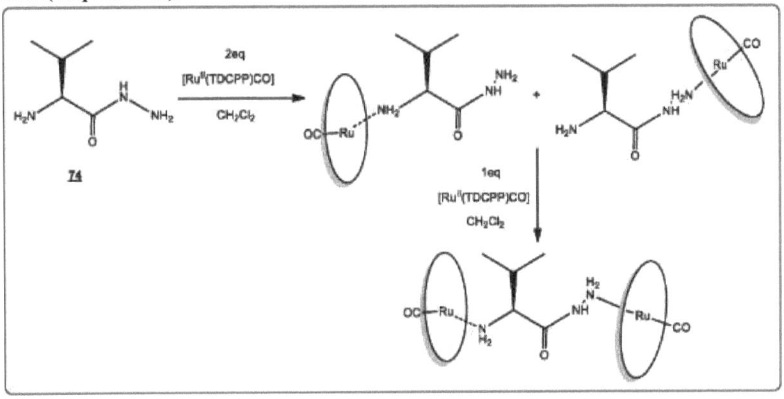

Esquema 42

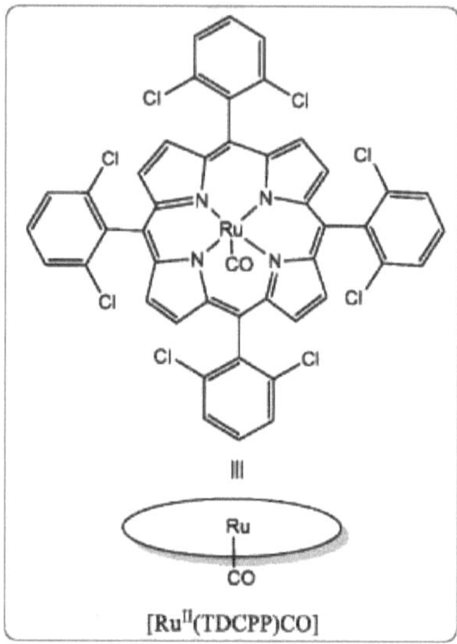

Figura 15: estrutura em sanduíche da porfirina de ruténio comercial

II. Principais vias de preparação de hidrazidas

Os métodos de preparação das hidrazidas são muito variados. De seguida, descrevemos os principais métodos citados na literatura.

II.1 1 Síntese de a-aminohidrazidas a partir de a-aminoácidos

Q-F. [67]Liang et al. descreveram a síntese em duas fases da a-amino hidrazida a partir da (L)-valina. A primeira etapa consiste na condensação da (L)-**valina75** com cloreto de tionilo em metanol em refluxo para dar o aminoéster **do tipo76**. Este intermediário é transformado diretamente em **aminohidrazida77** por ação do hidrato de hidrazina em metanol à temperatura ambiente **(esquema 43).**

Esquema 43

II.2 2 Síntese de hidrazidas por redução de hidrazonas

D. [68]Perdicchia et al. , A (E)-2-benzilideno-1,1-dimetil-hidrazina **79** foi sintetizada por condensação da **dimetil-hidrazina78** com o benzaldeído (PhCHO) em xileno. O composto **79** dá origem ao produto intermédio **80** por adição de borano e trimetilamina em meio ácido. Este é depois transformado no produto dCsirC por acilação **(esquema 44).**

<u>Schéma 44</u>

II.3 3 Síntese de a-mercaptohidrazidas a partir de a-bromo-ácidos

[69]As **a-mercaptohidrazidas** foram obtidas a partir dos a-bromoácidos segundo um método criado por Kudelko. Os **a-bromoácidos82** são tratados com uma solução aquosa de NaSH e esterificados com metanol para obter os **tioésteres84**. Estes últimos são condensados com hidrato de hidrazina para formar as hidrazidas **85** correspondentes com bons rendimentos químicos **(esquema 45)**.

<u>Schéma 45</u>

II.4 4 Preparação da a-aminohidrazida a partir da (s)-leucina

[70]Isaac N. Arthur et al conseguiram a síntese da a-aminohidrazida a partir da (s)-**leucina86** em quatro etapas. O primeiro passo consiste na proteção das funções amina seguida da estërificação do ácido. A adição de N-bromosuccinimida(NBS) resulta no **intermëdiário87** que reage com fluoreto de prata (AgF) para dar o **intermëdiário88**. Finalmente, este último é convertido na aminohidrazida correspondente 89 pela adição de hidrazina **(Esquema 46)**.

B. Trabalho pessoal

1. Síntese de N-fenilsulfonil-a-aminohidrazidas quirais a partir de N-fenilsulfonil-a-aminoésteres

A síntese das a-aminohidrazidas90**(a-f)** é ilustrada nos **esquemas 47 e 48**. Os N-fenilsulfonil-a-aminoestes61**(a-f)**reagem com l'hidrazina em metanol refluxante para dar a-aminohidrazidas teóricas.

Schéma 47

Schéma 48

Mecanismo de reação

O mecanismo consiste num ataque nucleofílico do dupleto livre do azoto da hidrazina ao carbonilo da função éster e na saída do grupo metoxi **(Esquema 49)**.

Os rendimentos químicos e os aspectos físicos dos produtos preparados são apresentados no quadro seguinte:

Quadro III

Rendimentos químicos e aspectos físicos das a-aminohidrazidas preparadas

compõe	R	Rendimento % (%)	Aspeto	Ponto de fusão (°C)
90a	Eu	76	Branco sólido	84
90b	i-Pr	87	Branco sólido	150
90c	i-Bu	92	Branco sólido	92
90d	Sec-Bu	81	Branco sólido	136

90e	Bn	78	Branco sólido	159
90f	-(CH_2)3-	85	Óleo amarelado	

11. Estudos espectroscópicos de N-fenilsulfonil-a-aminohidrazidas

[113]As a-aminohidrazidas foram identificadas por espetroscopia de RMN de H e C.

11.1 [1]Propriedades espectroscópicas de RMN H

[1]A espetroscopia de RMN de H permitiu-nos confirmar as estruturas das a-aminohidrazidas preparadas (ver a secção experimental). Estudemos o caso da N-fenilsulfonil-2-aminopropanohidrazida **90a** como exemplo.

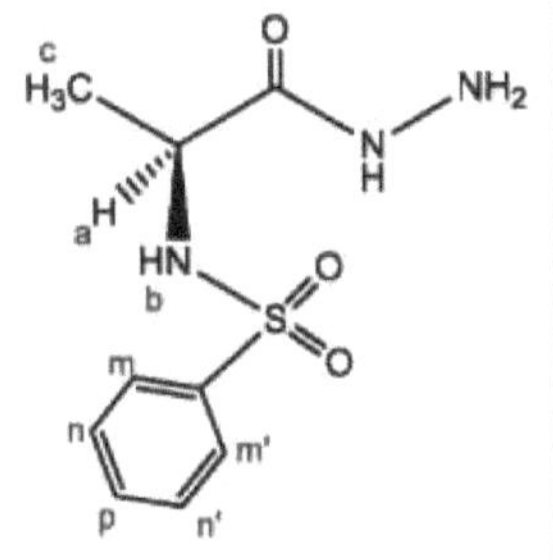

O espetro de RMN de 1H do composë **90a** (**Figura 16**)registado a 300 MHz em clorofórmio deutërëprë mostra os seguintes sinais:

*   Um dupleto a 1,27 ppm de inegração 3H relativo a protões mëtílicos (CHs)constante de acoplamento da cavidade (J= 6,9Hz).
*   Um quadrupleto tem 3,87 ppm de integração de um protão em relação ao protão Ha com constantes de acoplamento (J= 6,9 Hz).
*   Um volume entre 7,51-7,64 ppm de integração de 3H relacionado com os protões Hn, Hn' e Hp.
*   mUm doublet a 7,89 ppm de integração 2H relacionado com os protões H e Hm' com uma constante de acoplamento (J=7,2 Hz).

11.2 [13]Propriedades espectroscópicas de RMN C

[13]O espetro de RMN de acoplamento de protões totais C do mesmo composto **90a** (**Figura 17**) registado em clorofórmio deutërë a 75 MHz confirma a estrutura com base nos seguintes sinais:

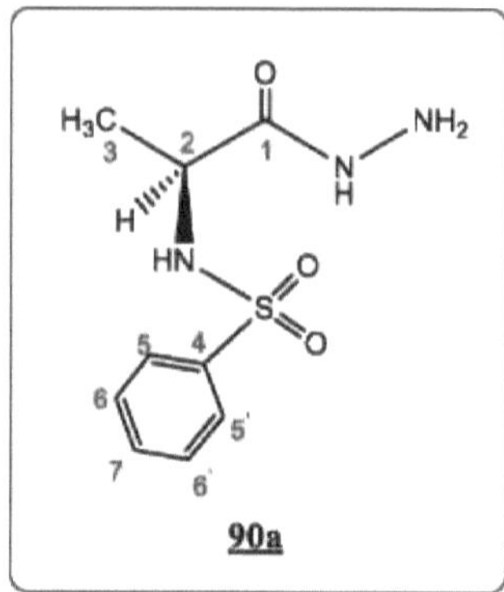

- Um sinal a 18,76 ppm relativo ao carbono c_3.
- Um sinal a 51,70 ppm relativo ao carbono c_2.
- Sinais a 127,08; 129,28; 133,07; 139,65 ppm correspondentes, respetivamente, aos carbonos aromáticos $c_{6,6'}$; $C_{5,5'}$; C_7; c_4.
- Um sinal a 172,05 ppm relativo ao carbono CO.

> O espetro mostra claramente o desaparecimento do pico mëthoxy caraterístico.

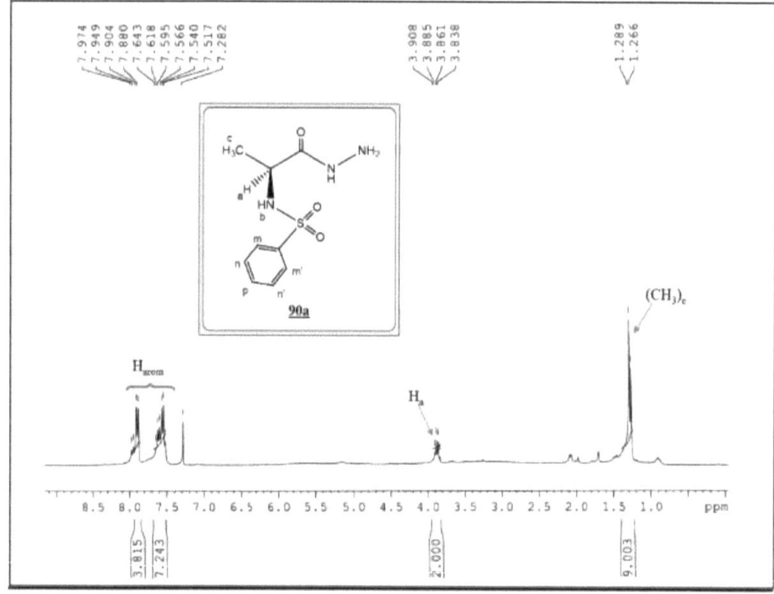

Figura 16. Espectro de RMN de H do composto <u>90a</u> registado a 300 MHz (CDCl$_3$)

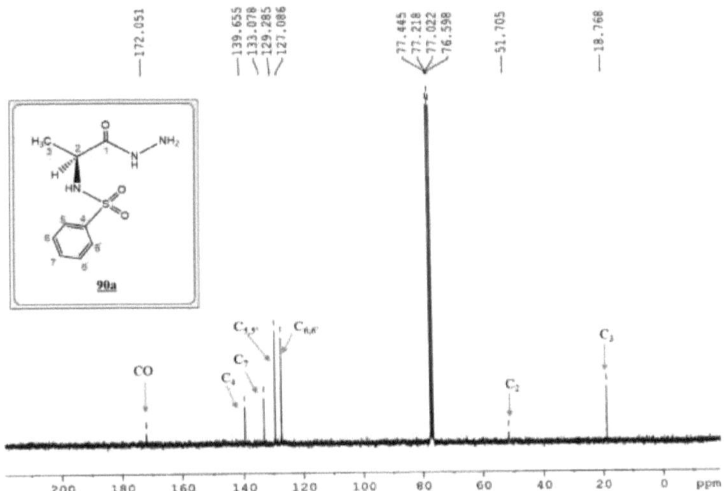

Figura 17. Espectro de RMN de C do composto <u>90a</u> registado em CDCl a 75 MHz

C. Conclusão

Nesta parte do trabalho sintetizámos uma série de seis a-aminohidrazidas <u>quirais</u><u>90(a-f)</u>com rendimentos químicos entre 76% e 92%. Estas moléculas foram ë1ë obtidas por condensação dos a-aminoésteres61<u>(a-f)</u>quirais preparados no segundo capítulo com 1'hidrazina em refluxo de metanol.

Conclusão geral

Conclusão geral e perspectivas

No âmbito deste programa de mestrado, descrevemos a síntese de uma série de seis a-aminohidrazidas quirais a partir de aminoácidos naturais. Estes produtos são muito procurados graças às suas interessantes propriedades sintéticas.

A estratégia de síntese adoptada neste trabalho consiste em proteger primeiro a função amina, a fim de evitar problemas de quimiosselectividade anteriores. Obteve-se uma série de N-fenilsulfonil aminoácidos quirais com rendimentos químicos entre 80% e 93%.

33(a-e)

a : R=Me ; **b** :R= i-Pr ; **c** : R=i-Bu ; **d** : Sec-Bu ; **e** : R=Bn

33f

Numa segunda etapa, convertemos os aminoácidos monoproteicos nos a-aminoésteres correspondentes por ação do clorotrimetilsilano e do metanol. Os a-aminoésteres foram obtidos com bons rendimentos químicos (74% e 95%).

61(a-e)

a : R=Me ; **b** :R= i-Pr ; **c** : R=i-Bu ; **d** : Sec-Bu ; **e** : R=Bn

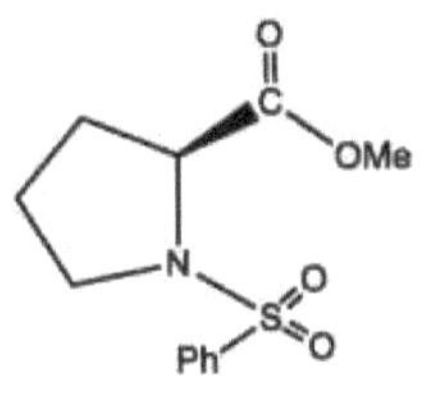

A condensação dos a-aminoésteres obtidos com l'hidrazina em тё^апо1 refluxo resultou na sintetização de uma série de a-aminohidrazidas seiscentais em rendimentos químicos quantitativos.

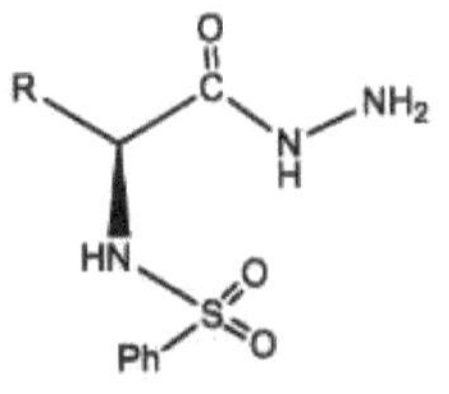

a : R=Me ; **b** :R= i-Pr ; **c** : R=i-Bu ; **d** : Sec-Bu ; **e** : R=Bn

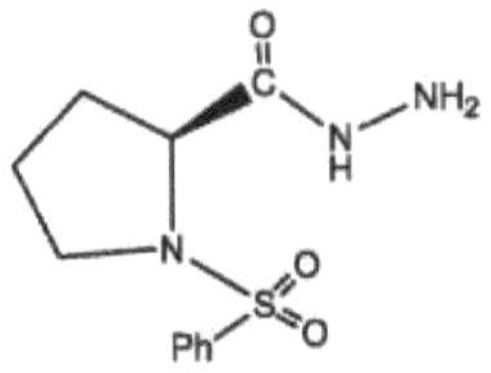

Como perspectivas deste trabalho, nós contamos:
- Condensação de a-aminohidrazidas quirais preparadas com diferentes bi-electrofilos para produzir produtos heterocíclicos de interesse biológico.
- Determinar o Гexcёsёnantюmёrique dos nossos produtos através da reação com cloretos ácidos opticamente puros.

39

I. Métodos gerais

I.1 Purificação de solventes e reagentes

Os solventes anidros são preparados por destilação numa atmosfera de árgon na presença dos agentes de secagem.

- O metanol é destilado sobre magnésio na presença de uma quantidade catalítica de iodo.

Para os reagentes: o cloreto de tionilo ($SOCl_2$) é destilado sob árgon imediatamente antes da utilização.

I.2 Reacções

As reacções, em meio anidro, foram efectuadas sob atmosfera de árgon e em material de vidro seco na estufa imediatamente antes da utilização. As soluções orgânicas foram concentradas sob pressão reduzida num evaporador rotativo.

I.3 Preparar o programador

O revelador de permanganato de potássio é preparado dissolvendo 3g de $KMnO_4$ e 20g de K_2CO_3 em 300 mL de água destilada na presença de 5mL de uma solução aquosa de hidróxido de sódio a 5% e 2 mL de ácido acético glacial.

I.4 Cromatografia

> Cromatografia de camada fina

A cromatografia em camada fina analítica (CCF) foi efectuada em placas de sílica prontas a utilizar (gel de sílica com indicador fluorescente Fluka Art 254 nm) e revelada com uma lâmpada de U.V. (254 nm).

> Cromatografia em coluna

A purificação do produto foi efectuada por cromatografia em coluna utilizando gel de sílica como fase estacionária.

I.5 Métodos e equipamentos analíticos

> Ressonância magnética nuclear (RMN)

[113]Os espectros de RMN foram efectuados em solução em clorofórmio deuterado ($CDCl_3$) utilizando um BRUKER AC-300 (300MHz) para RMN H e (75 MHz) para RMN C.

A referência interna utilizada é o tëtramëthylsilane (TMS). Os desvios químicos (ppm) são positivos em direção aos campos baixos em comparação com o TMS e as constantes de acoplamento anotadas J são expressas em Hertz (Hz).

II. Procedimentos operacionais

II. 1 Preparação de N-fenilsulfonil-a-aminoácidos quirais a partir de aminoácidos naturais

O caso da *N-fenilsulfonil*-(L)-alanina

Dissolve-se (L)-alanina (2,8 g, 31,46 mmol, 1 sq.) em solução de hidróxido de sódio (2M, 31,46 mmol), adiciona-se cloreto de f-snilsulfonilo (4,22 ml, 33,03 mmol, 1,05Sq.) a 0°C, seguido da adição de diisopropiltilamina (6,03 ml, 34,61mmol, 1,1 ëq.) e acetona (15,73 ml). Após 10 minutos, o banho de gelo é removido e a mistura é deixada a agitar durante 6 horas à tempëratura ambiente. Em seguida, o ião de reação tëlanде é lavado com espuma distílica. A fase orgânica é extraída com uma solução aquosa de NaOH (2M), depois arrefecida a -10°C e acidificada a pH=1 pela adição de HCl concentrado. Esta fase aquosa é extraída três vezes com acetato de etilo. A fase orgânica foi lavada com uma solução saturada de NaCl e sSchSe em MgSO4. Após evaporação do solvente, o resíduo foi recristalizado numa mistura de acetato de etilo e éter de petróleo em proporções variáveis. Obtém-se o composto 33a.

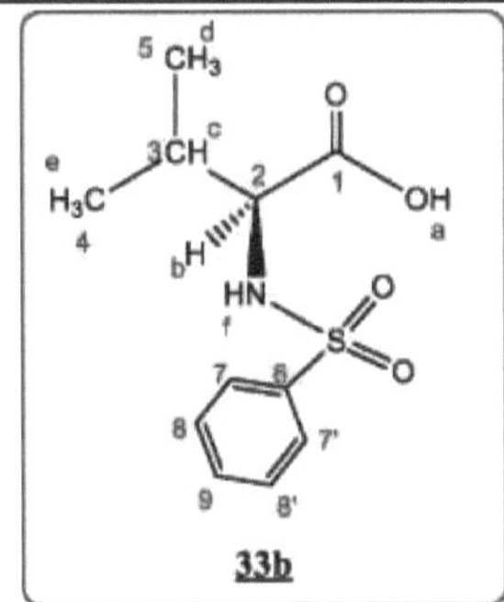

Fórmula bruta: C9H11O4NS
M (g/mol) :229 g/mol
Revelador: lâmpada UV.
Rdt= 93%
Aspeto: sólido branco
1H **NMR (300 MHz, CDCl3); 8 (ppm):** 1.42 (d, J=7.2Hz,3Hd);4.06 (Q,Ji =14.1 Hz,J2 =6.9 Hz,1Hb) ; 5.44 (d, J = 7.5 Hz, 1Hc) ; 7.28-7.96 (m,5Harom.).
[13]**NMR C (75 MHz, CDCl3); 8 (ppm):** 19,45(c3);51,21(c2);127,07(c6, c6'); 129,10(c5,C5'); 132,90 (c7); 140,00(c4); 176,10 (CO).

O caso da *N*- fenilsulfonil-(L)-valina

Fórmula bruta: C11H15O4NS
M (g/mol) :257 g/mol
Revelador: lâmpada UV.
Rdt= 80%
Aspeto: sólido branco
[1]**NMR H (300 MHz, CDCl3); 8 (ppm):** 0.88(d, J=6.9Hz,3He ou d); 0.96 (d,J=6.6 Hz, 3Hd ou e); 2.04-2.16 (m, 1Hc); 3.81 (dd, J1=9.9 Hz, J2=4.8 Hz, 1Hb);5.15 (d, J =9.9 Hz,1Hf);7.45-7.94(m,5Harom .).

^{13}**NMR C (75 MHz, cDCl3); 8 (ppm):**16,69(c4);18,36(c5);30,94(c3); 60,18 (c2);126,73(c8, C8'); 128,49(c7,C7'); 132,38 (c9); 139,32(c6); 174,70 (CO).

O caso da N-fenilsulfonil-(L)-leucina

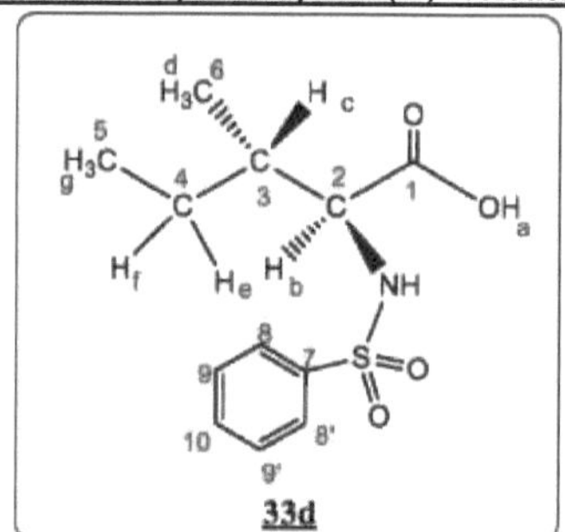

Fórmula bruta: C12H17O4NS

M (g/mol) :271 g/mol

Revelador: lâmpada UV.

Rdt=85%

Aspeto: sólido branco.

1H NMR (300 MHz, cDCl3); 8 (ppm): 0.82(d, J=6.3 Hz,3He); 0.89 (d,J=6.6 Hz, 3Hf); 1.491.59 (m, 2Hc); 1.69-1.78 (m, 1Hd);3.69 (t,J =6.3 Hz,1Hb);5.31(d, J=8.7Hz,1Hg); 7.46-7.93(m, 5Harom.).

^{13}**NMR C (75 MHz, cDCl3); 8 (ppm):** 20,81(c5);22,09(c6);23,86(c4); 41,62 (c3); 53,67(c2); 126,69(c9, C9'); 128,51(c8,C8'); 132,41 (c10); 139,36(c7); 176,01 (CO).

O caso da *N-fenilsulfonil*-(L)-isoleucina

Fórmula bruta: C12H17O4NS

M (g/mol) :271 g/mol

Revelador: lâmpada UV.

Rdt= 83

Aspeto: sólido branco

1H NMR (300 MHz, cDCl3); 8 (ppm):0.89(t,J=7.2 Hz,3Hg); 0.93 (d,J=6.9 Hz, 3Hd); 1.131.29 (m, 1Hf ou e); 1.39-1.48 (m, 1He ou f);1.79-1.87(m,1Hc); 3.88 (s, 1Hb); 7.47-7.60 (m, 5Harom.);8.23 (sl, NH).

^{13}**NMR C (75 MHz, cDCl3); 8 (ppm):**11.16(c5);15.30(c6);24.58(c4); 38.24 (c3); 59.97(c2); 127.20(c9, C9'); 128.98(c8,C8'); 132.86 (c10); 139.84(c7); 175.66 (CO).

O caso do N-fenilsulfonil-(L)-fenilalanoma

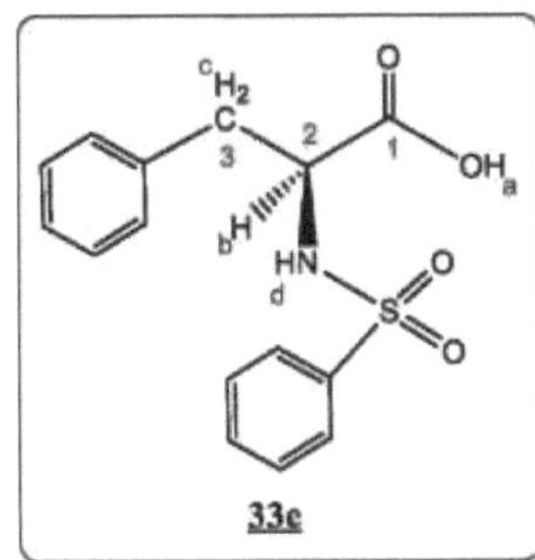

Fórmula bruta: C15H15O4NS

M (g/mol) :305 g/mol

Revelador: lâmpada UV.

Rdt=91%.

Aspeto: sólido branco

^{1}**NMR H (300 MHz, CDCl3); δ (ppm):** 2,94-3,15(m, 2Hc); 4,27(s,1Hb); 5,16 (sl, 1Hd); 7,09 7.91 (m,10Harom.).

^{13}**NMR C (75 MHz, CDCl3); δ (ppm):** 38,88(c3); 56,44(c2);127,02-139,71(12Carom.); 174,78 (CO).

O caso da *N-fenilsulfonil*-(L)-prolina

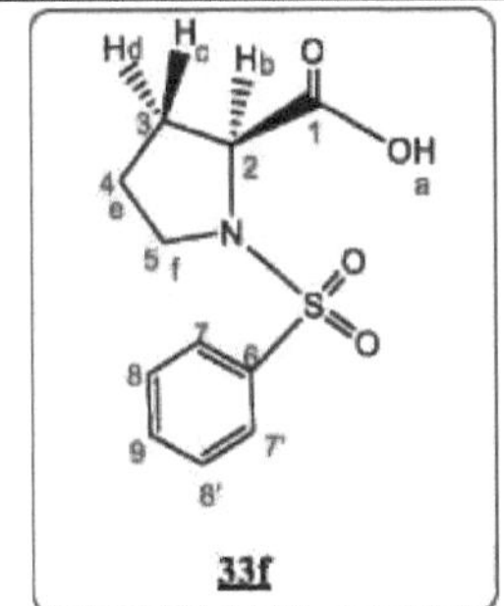

Fórmula bruta: C11H13O4NS.

M (g/mol) :255 g/mol.

Revelador: lâmpada UV.

Rdt= 80%.

Aspeto: sólido branco.

^{1}**H NMR (300 MHz, CDCl3); δ (ppm):** 1,55 (m, 1Hd); 1,81 (m, 2He e 1H); 3,34(m, 2Hf);4,26(s,1Hb); 7,55-7,91 (m,5Harom.).

$^{11\ 12\ 13}$**NMR C (75 MHz, CDCl3); δ (ppm):** 31,03(c4);32,30(c3); 47,93(c5); 49,99(c2); 127,95(c7, C7'); 128,35(c8,C8'); 134,61 (c9); 142,86(c6); 177,33 (CO).

1 .2 Preparação de N-fenilsulfonil-a-aminoésteres

O caso do *N-fenilsulfonil-2-aminopropanoato* de metilo

Sob uma atmosfera inerte de árgon, 6 g de N-fenilsulfonil-(L)-alanina (26,2 mmol) são introduzidos num balão monocoluna de 100 ml. Adiciona-se TMSCl (6,65 ml, 52,4 mmol, 2 ëq.) e, em seguida, adiciona-se mëtanol. O mëlange é deixado a agitar durante 72 horas à temperatura ambiente. Após evaporação do mëtanol e arrefecimento, obtém-se o composto **61a**.

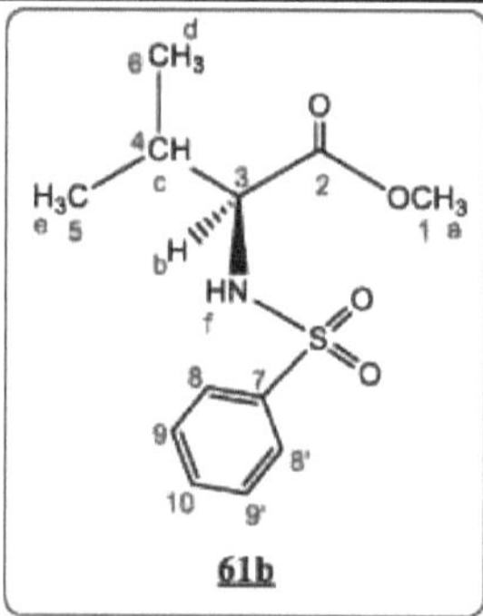

Fórmula bruta: C10H13O4NS

M (g/mol) : 243 g/mol

Revelador: lâmpada UV.

Rdt= 94%

Aspeto: sólido branco

1H **NMR (300 MHz, CDCl3); δ (ppm):** 1.38(d, J=7.2 Hz,3Hd);3.54 (s,3Ha);4.02 (Q,J1=14.7 Hz,J2 =7.2 Hz,1Hb); 5.24 (d, J = 7.2 Hz, 1Hc); 7.47-7.86 (m,5Harom.).

13**NMR C (75 MHz, CDCl3); δ (ppm):** 19,24(C4);51,01(C3); 51,96(C1); 126,65(C7, C7'); 128,50(C6,C6'); 132,21 (C8); 139,58(C5); 171,95 (CO).

O caso do *N-* fenilsulfonil-2-ammo-3-metilbutanoato de metilo

Fórmula bruta: C12H17O4NS

M (g/mol) : 271 g/mol

Revelador: lâmpada UV.

Rdt=74

Aspeto: sólido branco

1H **NMR (300 MHz, CDCl3); δ (ppm):** 0.88(d, J=6.6 Hz,3He); 0.94 (d,J=6.9 Hz, 3Hd); 1.992.05 (m, 1Hc); 3.44 (s, 3Ha); 3.75 (dd, J1=9.9 Hz,J2=5.1 Hz, 1Hb);5.10 (d, J =9.9 Hz,1Hf);7.45-7.84(m,5Harom.).

¹³**NMR C (75 MHz, CDCl3); 8 (ppm):** 16,96(C5);18,28(C6);31,15(C4); 51,48 (C1); 60,66 (C3); 126,77(C9, C9'); 128,38(C8,C8'); 132,12 (C10); 139,42(C7); 171,08 (CO).

O caso do N-fenilsulfonil-2-amino-4-metilpentanoato de metilo

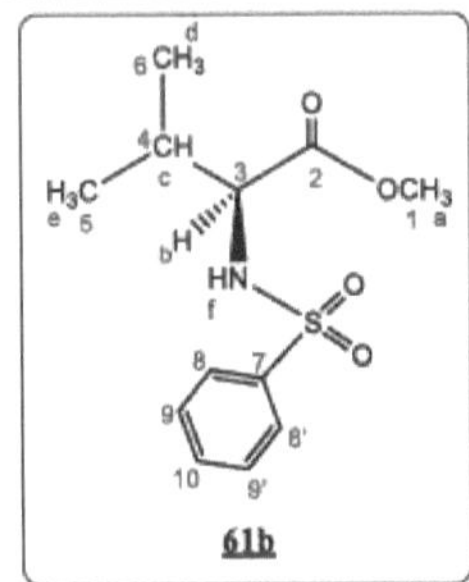

Fórmula bruta: C13H19O4NS
M (g/mol) :285 g/mol
Revelador: lâmpada UV.
Rdt= 95%
Aspeto: sólido branco
¹**NMR H (300 MHz, CDCl3); 8 (ppm):** 0,83(d, J=6,3 Hz,3He); 0,91 (d,J=6,6 Hz, 3Hf); 1,491,53 (t, J=7,2Hz, 2Hc); 1,72-1,83 (m, 1Hd);3,46(s, 3Ha);3,97 (s,1Hb); 7,48-7,87(m, 5Harom.).
¹³**NMR C (75 MHz, CDCl3); 8 (ppm):** 20,94(C6);22,09(C7);23,83(C5); 41,94 (C4); 51,65(C1); 53,97 (C3); 126,78(C10, C10'); 128,42(C9,C9'); 132,17 (C11); 139,36(C8); 172,03 (CO).

O caso do N-fenilsulfonil-2-amino-3-metilpentanoato de metilo

Fórmula bruta: C13H19O4NS
M (g/mol) :285 g/mol
Revelador: lâmpada UV.
Rdt= 88%
Aspeto: sólido branco
1H **NMR (300 MHz, CDCl3); 8 (ppm):** 0.84-0.90 (m, 6H, (CH3)d e (CHs)g); 1.10-1.20 (m, 1Hf ou e); 1.38-1.46 (m, 1He ou f); 1.70-1.80 (m,1Hc); 2.16 (s, 3Ha); 3.79 (dd, J=9.9Hz,J=5.7 Hz, 1Hb); 5.14 (d, J=9.9Hz,1Hh); 7.46-7.83 (m, 5Harom.).
¹³**RMN C (75 MHz, CDCl3); 8 (ppm):** 10,69 (C6);14,82 (C7);24,15 (C5); 37,90 (C4); 51,60 (C1); 59,77 (C3); 126,79 (C10, C10'); 128,47 (C9,C9'); 132,27 (C11); 139,11 (C8); 171,17 (CO).

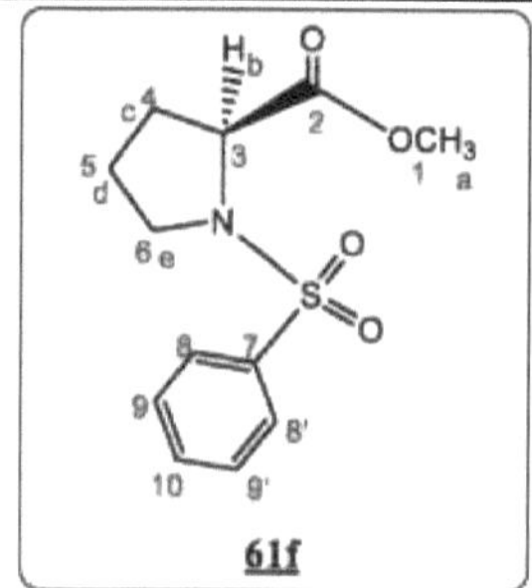

Fórmula bruta: C16H17O4NS

M (g/mol): 319 g/mol

Revelador: lâmpada UV.

Rdt=95

Aspeto: sólido branco

1H **NMR (300 MHz, CDCl3); 8 (ppm):** 3.04(d, J=6 Hz, 2Hc,d); 3.49 (s, 3Ha); 4.24 (q,J1=14.1Hz,J2=6 Hz,1Hb); 5.04(d, J=8.4Hz, 1He); 7.06-7.77 (m,10Harom.).

^{13}**NMR C (75 MHz, CDCl3); 8 (ppm):** 38,96(C4);51,75(OCH3);56,24(C3);126,63-139,44(12Carom.); 170,62 (CO).

O caso do *N-fenilsulfonilpirrolidina-2-carboxilato* de metilo

Fórmula bruta: C12H15O4NS.

M (g/mol) :269 g/mol.

Revelador: lâmpada UV.

Rdt= 95%.

Aspeto: sólido branco.

1H **NMR (300 MHz, CDCl3); 8 (ppm):** 1.81(m, 2Hd); 2.02 (m, 2Hc); 3.45(m,2He); 3.72(s, 3Ha);4.35(s,1Hb); 7.55-7.91 (m,5Harom.).

^{13}**NMR C (75 MHz, CDCl3); 8 (ppm):**24,21(C5);30,47(C4); 48,02(C6); 52,05 (C1); 59,92(C3); 126,98(C8, C8'); 128,58(C9,C9'); 132,33 (C10); 137,78(C7); 172,05 (CO).

II .3 Preparação de N-fenilsulfonil-a-aminohidrazidas

O caso da N-fenilsulfonil-2-amino-4-metilpentano-hidrazida

A 2,45g de **mëthyl61c-N-phenylsulphonyl-2-amino-4-** mëthylpentanoate (8,59mmol) e l'hydrazine (5 ëq, 42,95mmol) num balão de metanol em refluxo é adicionado.

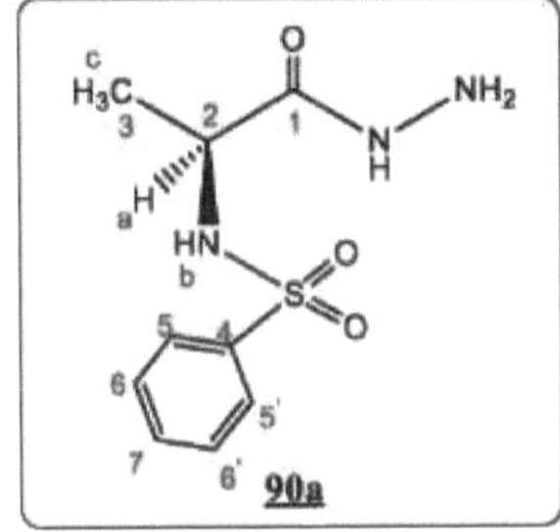

Fórmula bruta: C12H19O3N3S

M (g/mol) :2b85 g/mol

Revelador: lâmpada UV.

Rdt= 92

Aspeto: sólido branco

¹NMR H (300 MHz, CDCl3); 8 (ppm): 0.65(d, J=5.1 Hz,3Hd); 0.80 (d,J=5.4 Hz, 3He); 1.421.54 (m, 1Hc, 2Hb);3.76 (s,1Ha);5.90(sl,1Hf); 7.48-7.89(m, 5Harom.).

¹³NMR C (75 MHz, CDCl3); 8 (ppm): 21,28(c5);22,67(c6);24,30(c4); 42,04 (c3); 54,54 (c2); 127,24(c9, C9·); 129,09(c8,C8·); 132,91 (c10); 139,83(c7); 172,15 (CO).

O caso da N-fenilsulfonil-2-aminopropanohidrazida

Fórmula bruta: C9H13O3N3S

M (g/mol):243 g/mol

Revelador: lâmpada UV.

Rdt=76%.

Aspeto: sólido branco

1H NMR (300 MHz, CDCl3); 8 (ppm): 1.27(d, J=6.9 Hz,3Hc); 3.87 (q,Ji=14.1Hz, J2=6.9Hz,1Ha); 7.51-7.97 (m,5Harom.).

¹³NMR C (75 MHz, CDCl3); 8 (ppm): 18,76(c3);51,70(c2); 127,08(c6, c6·); 129,28(c5,C5·); 133,07 (c7); 139,65(c4); 172,05 (CO).

O caso da N-fenilsulfonil-2-amino-3-metilbutano-hidrazida

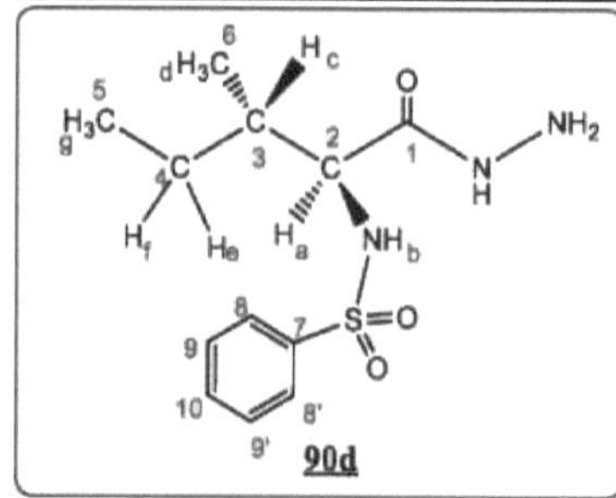

Fórmula bruta: C11H17O3N3S
M (g/mol) : 271 g/mol
Revelador: lâmpada UV.
Rdt=87%.
Aspeto: sólido branco
1H **NMR (300 MHz, CDCl3); 8 (ppm):** 0,79(d, J=6,9 Hz,3Hor e); 0,85 (d,J=6,9 Hz, 3Heor d); 1,75-2,05 (m, 1Hc); 3,48 (d, J=6 Hz, 1Ha);7,46-7,85(m,5Harom.).
^{13}**NMR C (75 MHz, CDCl3); 8 (ppm):** 17,21(C4);18,36(C5);30,71(C3); 60,91(C2);126,69(C8, C8'); 128,48(C7,C7'); 132,31 (C9); 139,43(C6); 170,72 (CO).

O caso da N-fenilsulfonil-2-ammo-3-metilpentano-hidrazida

Fórmula bruta: C12H19O3N3S
M (g/mol) : 285 g/mol
Revelador: lâmpada UV.
Rdt=81%
Aspeto: sólido branco
1H **NMR (300 MHz, CDCl3); 8 (ppm):** 0.78(t, J=6.9 Hz,3Hg); 0.84 (d,J=7.2Hz, 3Hd); 1.001.12 (m, 1Hf ou e); 1.41-1.54 (m, 1He ou f);1.71-1.77(m,1Hc); 3.51 (d, J=6Hz, 1Ha); 7.48-7.85 (m, 5Harom.).
^{13}**NMR C (75 MHz, CDCl3); 8 (ppm):** 11,02(C5); 15,23 (C6);24,58 (C4); 37,79 (C3); 60,46(C2); 127,26(C9, C9'); 129,03(C8,C8'); 132,89 (C10); 139,77(C7); 171,03 (CO).

O caso da *N*- fenilsulfonil-2-ammo-3-fenilpropano-hidrazida

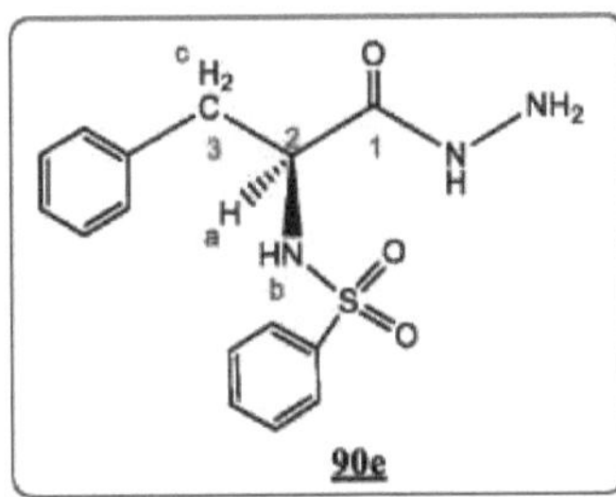

Fórmula bruta: C15H17O3N3S
M (g/mol) :319 g/mol
Revelador: lâmpada UV.
Rdt=78
Aspeto: sólido branco
^{1}**NMR H (300 MHz, CDCl3); 8 (ppm):** 2,96(s, 2Hc); 4,60-4,82 (q,J1 =14,1 Hz, J2=6 Hz,1Ha);
5,59(d, J=12 Hz, 1Hb); 7,13-7,64 (m,10Harom.).
^{13}**RMN C (75 MHz, CDCl3); 8 (ppm):** 38,52(c3); 56,24(c2); 127,03-139,21(12Carom.); 170,62
(CO).

O caso da N-fenilsulfonil pirrolidina-2-carbohidrazida

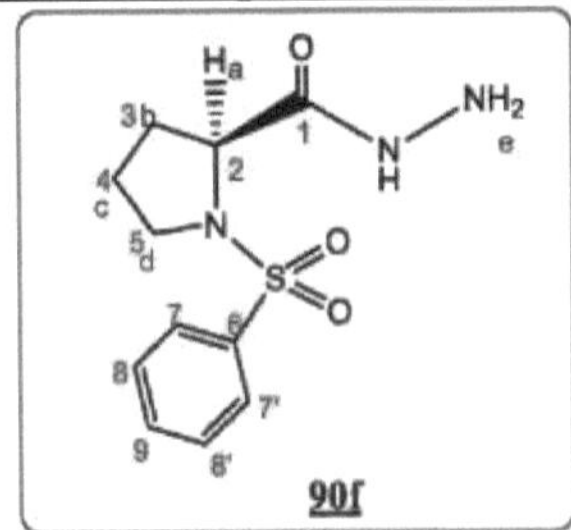

Fórmula bruta: C11H15O3N3S
M (g/mol) :269 g/mol
Revelador: lâmpada UV
Rdt= 85%.
Aspeto: óleo viscoso amarelado
1H **NMR (300 MHz, CDCl3); 8 (ppm):** 1.22-1.55(m, 2Hc); 1.76-2.05 (m, 2Hb); 3.06-3.52(m, 2Hd);
4.12-4.15(m, 1Ha); 4.65 (s, 2He); 7.42-7.81 (m, 5Harom.).
^{13}**NMR C (75 MHz, CDCl3); 8 (ppm):** 23,81(c4);29,88 (c3); 49,11(c5); 61,10 (c2); 127,21 (c7,
C7'); 128,87 (c8,C8'); 132,88 (c9); 135,32 (c6); 171,28 (CO).

Referências

1- M. Marinozzi, Bioorg. Med. Chem, **2013,** 21, 3780.

2- J. L. Bada, S. L. Miller, BioSystems, **1987,** 20, 21.

3- J. Clayden, N. Greeves, N. Warren, S. P. Wothers, **2002,** 45, 1219.

4- H. Kagan, "Catalysis. Asymetrique, Pour la science, Paris, **1992,** 172, 42.

5- M. Lahlou, Flavour Fragrance J, **2004**, 19, 159.

6- J. C. R. Gongalves, F. Oliveira, R. B. Benedito, D. P.R. Almeida, D. A. M. Araújo, Biol. Pharm. Bull, **2008,**31, 1017.

7- F.V.M. Souza, M. B. Rocha, D. P. de Souza, R. M. Margal, Fitoterapia, **2013**, 85, 20.

8- G. Buchbauer, W. Jager, A. Gruber, H. Dietrich, FlavourFragr. J., **2005**, 20, 686.

9- L. Chiodini, G. Pepeu, Composition comprising S-oxiracetam for use as nootropic: WO, 9306826 (P).

10- Zhang, Q. Zhang, W. Yang, Q. Zhang, Y. Yang, J. Li, Y. Lu, Y. Zheng, J. He, D. Zhao, X. Chen, J. Chromatogr. **2015**, B 993-994, 9.

11- R. N. Pechnick, R. E. Polónia, JPET, **2004**, 309, 515.

12- Y. Qi, D. Liu, W. Zhao, C. Liu, Z. Zhou, P. Wang, Pesticide Biochemistry and Physiology, **2015**, 01-07. No prelo (http://dx.doi.org/10.1016/j.pestbp.2015.06.004).

13- G. M. Coppola, H. F. Schuster, Assymetric synthesis: " Construction of chiral molecules using amino acids", Weily ; New York, **1987.**

14- G. C. Barrett, Chemistry and Biochemistry of the Amino Acids, Chapman and Hall, Londres, **1985.**

15- J. Jackli, C. Limberakis, Modern organic synthesis in the laboratory, *Oxford univ, USA,* **2007**.

16- R. M. Williams, "Synthesis of optically active a-aminoacids"; pergamon:Oxford, **1989.**

17- M. Mikalajczyk, P. Balczewski, *Synthesis, 659,* **1987**.

18- J. Domagala, J. Wemple, *Tetrahedron Lett,***1973**, *14*, 1179.

19- F. A. Davis, B. Yang, J. Deng, J. *Org Chem,* **2003**, *68*, 5147.

20- L.A. Caprino, J. Am, *Chem, Soc,* **1957**, *79*,98.

21- F. C. Mckay, N. F. Albertson, J. Am, *Chem Soc, 1957,* *79*, 6186.

22- S. Tchertchian, O. Hartley, P. Botti, J. *Org Chem,* **2004**, *69*, 9208.

23- E. At herton, R. C. Sheppar, *Academic Press: New York,* **1987**, *9*, 1.

24- M. Bergmann, L. Zervas, *Ber,* **1932**, *65,*1192.

25- R. H. Sifferd, Duvigneaud, *J.Biol. Chem,* **1935,** *108,* 753.

26- D. A. Kidd, F. E. King, *Nature,* **1948,**62, 776.

27- A. Rougny, M. Daudon, *Chem Soc,* **1976**, *5*, 833.

28- B. B. Malcoln, C. Donald Craig, Synlett, **1992**, 41.

29- P. Strazzolini, P. Strazzolini, T. Melloni, A. G. Giumanini, Tetrahedron, **2001**, 57, 9033.

30- N. J. Tom, W. M. Simon, H. N. Frost, M. Ewing, Tetrahedron Lett,**2004**, 45, 905.

31- S. El Kazzouli, J. Koubachi, S. B. Raboin, A. Mouaddibb, G. Guillaum, Tetrahedron Lett,**2006**, 47, 8575.

32- P. R. Sultane, P. R. Sultane, T. B. Mete, R. G. Bhat, Tetrahedron Lett, **2015,** 56, 2067.

33- H. Hidemasa, Y. Yokoyama, Synthesis, **2000**, 21.

34- T. L. Cupps, R. H. Boutin, H. Rapoport, J. Org Chem, **1985**, 50, 3972.

35- T. F. Buckley, H. Rapoport, J. Am. Chem. soc. **1981**, 103, 6157.

36- Olah, G. A. Em "Friedel-Crafts and Related Reactions"; Interscience: Nova Iorque, **1964**;

Vols. I-IV.

37- Z. G. Hajos, D. R. Parrish, J. Org. Chem. **1974**, 39.

38- G. L. Buchanan, Chem.Soc. Rev., **1988**, 17, 91.

39- H. D. Dakin, R. West, J. Biol. Chem, **1928**, 78, 745.

40- N. Tka, J. Kraiem, Y. Kacem, A. Hajri, B. B. Hassine, C.R.Chimie, **2009,** 12 1066.

41- L. W. Bieber, M. C. F. de Araujo,Molecules, **2002**, 7, 902.

42- R. M. Freidinger, J. S. Hinkle, J. Org Chem, **1983**, 48, 77.

43- G. C. Barrett, "Amino Acids, Peptides and Proteins" R.S.C. Publications: Londres **1996**, *27*, 1.

44- S. L. Manjinder, , K.R. Yeeman, N. G. J. Michael, C. V. John, Serine, *J. Org. Chem,* **2002**, *67,* 1536.

45- V. K. Tandon, D. B. Yadav, R. V. Singh, A.K. Chaturvedi, , P. K. Shukla, *Bioorg. Med. Chem.Lett,.***2005**, *15*, 5324.

46- A. Q. Hussein, M. M. El-Abadelah, W. S. Sabri, J. Heterocyclic. Chem, **1984**, 21, 455.

47- C. Lamberth, Tetrahedron, **2010,** 66, 7239.

48- U Balakrishnan, N Ananthiet S Velmathi, Indian. J. Chem, **2011**, 50, 1157.

49- . J. Li, Y. Sha, Molecules, **2008**, 13, 1111.

50- A. Kudelko, W. Zielin'ski, Tetrahedron, **2009**, 65, 1200.

51- K. A. Kumar, P. Jayaroopa, G. V. Kumar, Int. J. ChemTech Res, 2012, 4, 1782**.**

52- K. Du, X. Cao, P. Zhang, H. Zheng, Bioorg. Med. Chem. Lett, **2014**, 24, 5318.

53- H. Y. Ma, Chin. Chem. Lett, **2013,** 24, 780.

54- A. K. Yadav, L. D. S. Yadav, Tetrahedron Lett.,**2014,** 55, 2065.

55- I. N. Arthur, J. E. Hennessy, D. Padmakshan, D. J. Stigers, S. Lesturgez, S. A. Fraser, M. Liutkus, G. Otting, J. G. Oakeshott, C. J. Easton, J. European Chem. **2013**, 19, 6824.

56- H. A. Abdel-Aziz, N. A. Hamdy, A. M. Farag, I. M. I. Fakhr, J. Chinese Chem. Soc. 2007, 54, 1573.

57- S. A. Shahzad, M. Yar, M. Bajda, B. Jadoon, Z. A. Khan, S. A. Naqvi, A. J. Shaikh, K. Hayat, A. Mahmmod, N. Mahmood, S. Filipek, Bioorg. Med. Chem, **2014**, 1008, 22.

58- S. Zhang, Y. Luo, L. Q. He, Z. J. Liu, A. Q. Jiang, Y. H. Yang, H. L. Zhu, Bioorg.Med. Chem, **2013**, 21, 3723.

59- F. Zhang, X. L. Wang, J. Shi, S. F. Wang, Y. Yin, Y. S. Yang, W. M Zhang, H.L. Zhu, Bioorg. Med. Chem, **2014**, 22, 468.

60- P. Li, L. Shi, X. Yang, L. Yang, X. W. Chen, F. Wu, Q. C. Shi, W. M. Xu, M. He, D. Y. Hu, B. A. Song, Bioorg. Med. Chem. Lett, **2014**, 24, 1677.

61- N. N. Farshori, M. R. Banday, A. Ahmad, A. U. Khan, A. Rauf, Bioorg. Med.Chem. Lett, **1933**, 2010, 20.

62- N. C. Desai, N. Bhatt, H. Somani, A. Trivedi, Eur. J. Med. Chem, **2013**, 67, 54.

63- R. A. Rane, P. Bangalore, S. D. Borhade, P. K. Khandare, Eur. J. Med. Chem, **2013**, 70, 49.

64- H. Kandemir, C. Ma, S. K. Kutty, D. S. Black, R. GriffithP. J. Lewis, N. Kumar, Bioorg. Med. Chem, **2014**, 22, 1672.

65- I. Seidel, W. Plass, D. Klemm, J. Becher, Tetrahedron, **2006,** 62, 5675.

66- A. Manvar, A. Bavishi, A. Radadiya, J. Patel, V. Vora, N. Dodia, K. Rawal, A. Shah, Bioorg. Med. Chem. Lett, **2011,** 21, 4728.

67- Q. F. Liang, Q. F. Liang, J. Liu, J. Chen, TetrahedronLett, **2011**, 52, 3987.

68- D. Perdicchia, E. Licandro, S. Maiorana, C. Baldoli C. Giannini, Tetrahedron,**2003,**59,

7733.

69- A. Kudelko, Tetrahedron, **2012**, 68, 3616.

70- N.I. Arthur, J. E. Hennessy, D. Padmakshan, D. J. Stigers, S. Lesturgez, S. A. Fraser, M. Liutkus, G. Otting, J. G. Oakeshott, C. J. Easton, Chem. Eur. J. **2013**, 19, 6824.

71-

Printed by Books on Demand GmbH, Norderstedt / Germany